Music & Recording

拾音技术

俞锫 著

中国传媒大学出版社
·北京·

图书在版编目（CIP）数据

拾音技术 / 俞锫著. -- 北京：中国传媒大学出版社，2019.12（2025.8 重印）
ISBN 978-7-5657-2671-2

Ⅰ.①拾… Ⅱ.①俞… Ⅲ.①录音–技术 Ⅳ.①TN912.12

中国版本图书馆CIP数据核字（2019）第293765号

拾音技术
SHIYIN JISHU

著　者	俞　锫
策划编辑	曾婧娴　张莉莉
责任编辑	张莉莉
特约编辑	裴向敏
封面设计	风得信设计·阿东 fondesy.com
责任印制	李志鹏
出版发行	中国传媒大学出版社
社　　址	北京市朝阳区定福庄东街1号　　　　邮　编　100024
电　　话	010-65450532　65450528　　　　传　真　65779405
网　　址	http://cucp.cuc.edu.cn
经　　销	全国新华书店
印　　刷	唐山玺诚印务有限公司
开　　本	787mm×1092mm　　1/16
印　　张	10.75
字　　数	221千字
版　　次	2019年12月第1版
印　　次	2025年8月第2次印刷
书　　号	ISBN 978-7-5657-2671-2　　　　　定　价　45.00元

本社法律顾问：北京嘉润律师事务所　　郭建平

内容提要

本书主要讨论的是录音节目制作中普遍采用的各种拾音技术。从人耳的基本听觉特性和人耳对声源的定位机理出发，书中介绍了立体声重放的基本原理和声音录制的基本方法，重点论述了不同的立体声和单件乐器的拾音技术，及其立体声重放的音响特点和艺术特征，并对实际录音工作中经常出现的问题予以讨论和分析。全书共分四章。

第一章　立体声原理：主要分析了人耳对声源定位依据的基本因素以及人耳在两扬声器间的定位原理，并对人耳的基本听觉特性和立体声的重放系统进行了讨论。

第二章　拾音技术基础：讨论了基本的录音方法和拾音技术，并对各种方法、技术的特点和适用的音乐节目类型进行了分析，对传声器应用技术中经常出现的实际问题和解决方案给予了简单介绍。

第三章　立体声拾音技术：从人耳对声源定位机理的角度，对常用的立体声拾音技术进行了分类，并对不同类型的技术特点和重放效果进行了分析。本章对具体实践中面对的重要问题进行了总结，对在双声道立体声拾音技术的基础上发展起来的多声道环绕声技术给出了具体应用案例。

第四章　单件乐器和乐器组拾音技术：主要讨论了多轨分期制作工艺中经常采用的拾音技术，重点在于如何根据音乐作品的风格、特点来选择传声器，确定拾音方案，如何根据具体的音色要求调整传声器的设置。

针对拾音技术的应用特点，本书注重技术与艺术相结合，理论与实践相结合，强调在录音实践中发现问题、分析问题和解决问题，可作为录音艺术实践和声音艺术研究的参考书。

目 录
CONTENTS

第一章　立体声原理 / 1

第一节　人耳的构造和功能 / 2
一、外耳 / 3
二、中耳 / 4
三、内耳 / 5

第二节　人耳的听觉系统 / 6
一、人耳的传递函数 / 6
二、隐蔽效应和听觉滤波器 / 7
三、反射声的效果 / 9

第三节　人耳对声源的定位 / 11
一、人耳对水平面内声源方位的定位 / 11
二、人耳对中心垂直面内声源方位的定位 / 14
三、人耳对声源纵深的定位 / 18

第四节　立体声系统 / 19
一、双声道立体声系统 / 19
二、人耳在两扬声器间的声源定位 / 21
三、立体声重放 / 24

四、立体声听音房间 / 29

第二章　拾音技术基础 / 31

第一节　基本录音方法 / 32
一、同期录音方法 / 32
二、分期录音方法 / 35

第二节　基本拾音方法 / 36
一、单点拾音法 / 37
二、主传声器拾音法 / 38
三、多传声器拾音法 / 39

第三节　传声器的应用技术 / 40
一、声源特性对传声器设置的影响 / 41
二、拾音时的相位问题 / 46
三、拾音距离的选择 / 48

第三章　立体声拾音技术 / 51

第一节　立体声拾音技术概述 / 52

第二节　声级差定位的立体声拾音技术 / 56
一、传声器的指向性 / 56
二、声级差定位的声像估算 / 59
三、XY 拾音方式 / 61
四、Blumlein 拾音方式 / 66
五、MS 拾音方式 / 68

第三节　时间差定位的立体声拾音技术 / 74
一、时间差定位的声像估算 / 74
二、时间差定位的拾音方式 / 75

第四节 时间差和声级差定位的立体声拾音技术 / 78

一、近重合式拾音方式 / 78

二、大 AB 拾音方式 / 87

三、Decca Tree 拾音方式 / 90

四、OSS 拾音方式 / 91

第五节 采用 PZM 传声器的立体声拾音技术 / 92

一、PZM 传声器 / 92

二、采用 PZM 传声器的立体声拾音技术 / 93

第六节 仿真头拾音技术 / 98

第七节 环绕声拾音技术 / 101

一、环绕声的扬声器设置 / 102

二、环绕声拾音技术 / 103

第四章 单件乐器和乐器组拾音技术 / 109

第一节 鼓乐器的拾音技术 / 110

一、鼓乐器的基本声学特性 / 111

二、鼓乐器的拾音 / 116

第二节 低音提琴和电贝斯的拾音技术 / 129

一、低音提琴的录制 / 129

二、电贝斯的录制 / 133

第三节 歌声的拾音技术 / 136

一、歌声的基本声学特性 / 137

二、歌声的拾音技术 / 137

三、伴唱和背景歌声的录制 / 140

第四节 钢琴和电钢琴的拾音技术 / 141

一、钢琴的基本声学特性 / 141

二、钢琴的拾音技术 / 143

三、电钢琴的拾音技术 / 146

第五节　声学吉他与电吉他的拾音技术 / 146

一、声学吉他的基本声学特性 / 146

二、声学吉他的拾音技术 / 147

三、电吉他的拾音技术 / 149

第六节　木管乐器的拾音技术 / 150

一、木管乐器的基本声学特性 / 151

二、木管乐器的拾音技术 / 151

第七节　铜管乐器的拾音技术 / 154

一、铜管乐器的声学特性 / 154

二、铜管乐器的拾音技术 / 155

第八节　拉弦乐器的拾音技术 / 158

一、拉弦乐器的基本声学特性 / 158

二、拉弦乐器的拾音技术 / 159

参考书目 / 162

第一章
立体声原理

声音是日常生活中最普遍的自然现象之一，也是人类最早用于信息传递和情感表达的工具。它具有发生即逝、无影无形的特点，在某一时刻声音的出现，即意味了它的消失。正因如此，尽管人类很早就接触和利用声音，但对声音的认识和了解始终处于相对落后的状态。1877年，爱迪生发明了早期的留声机，声音被刻录到特制的金属圆筒上，开启了声音记录的历史。记录的声波为人类进一步探索声音奥秘提供了条件，也为声音成为现代信息传播和艺术创作的重要元素，促使广播、电影、电视和唱片等媒体的发展、繁荣奠定了基础。

以声音为媒介进行的内容生产，可以大致划分为采集、存储和编辑三个环节。声音采集是整个工艺流程的第一步，采集质量决定了最终的内容品质。为此，如何利用传声器拾取到期望的声音信号是该环节的核心问题。这个问题涉及传声器的应用技术、声源的声学特性，以及产品的艺术特征等诸多方面。更重要的是，作为生理和心理的过程，拾取期望的声音还要涉及人耳听觉的领域。事实上，人们在采集声音或是在声音节目录制过程中采用的拾音技术是一个多学科交叉融合的范畴。

现实生活中人耳接收的声音信号具有立体感，重放的、具有不同程度立体感的声音被称作立体声（stereophonics）。立体声是两个希腊单词 stereo 和 phonics 的组合。stereo 有三维立体之意，phonics 有声音科学之意，stereophonics 可以解释为三维立体声科学。现在双声道立体声经常使用的 stereo 一词是由 stereophonics 省略而来的。人耳获得立体听音效果的原因是大脑接收并处理了相应的立体声信息。从目前的研究成果来看，这些信息主要是声源辐射的声音从不同方位到达人耳形成的声级差和时间差。这些差别非常细微，而且处理过程涉及心理和生理等多方因素。对这个过程的深入研究，是揭示人耳听觉系统的关键，更有利于合理利用传声器拾取到期望的声音信号，开发出令人更为满意的立体声重放系统。

第一节 人耳的构造和功能

人耳是一个非常精密、复杂的系统，听觉的形成问题仍有许多待解决。利用传声器拾取声音信号是个客观的物理过程，对拾音效果的判断主要以听觉为依据。虽然，目前的很多理论仍存在不足之处，不能完全解释现实中的听觉现象，但简单了解人耳的构造和功能，掌握听觉形成的基本工作原理，将有助于声音工作者充分利用技术手段开展艺术创作。

从生理结构上来看，人耳分为外耳、中耳和内耳三部分，如图1-1所示的人耳部分剖面图。声波在空气中以空气振动的形式到达人耳，耳壳利用特有的结构反射到达的声波，将收集的声波通过外耳道传递到鼓膜，带动鼓膜的振动。中耳内与鼓膜相连的是三块听小骨，鼓膜振动将带动三块听小骨随之振动，同时利用这种机械振动能量被传递到充满淋巴液的耳蜗。耳蜗内的基底膜与毛细胞相连，传递到基底膜的振动将刺激毛细胞产生电脉冲，电脉冲通过听觉神经被送往大脑皮质中的听觉中枢，从而形成了人的听觉感官。可以说，人耳听觉形成的过程并不复杂，但人耳的特殊构造和机理却不简单，正是人耳各部分的有机结合才确保了空气振动被有效传递和转化。

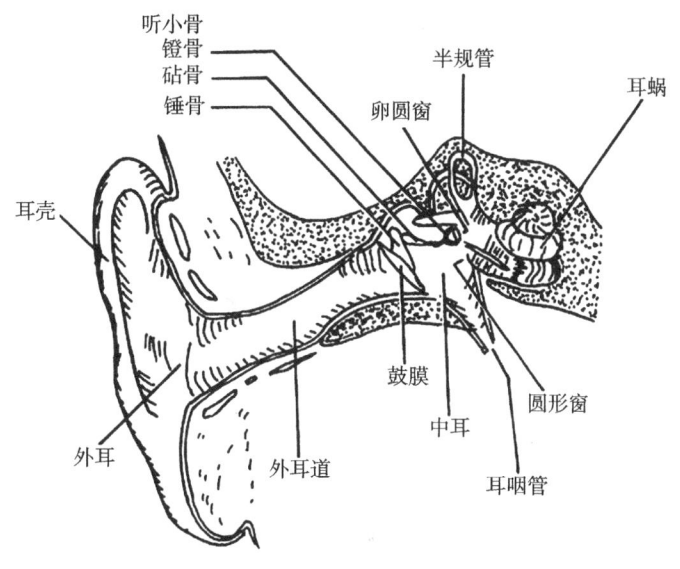

图 1-1 人耳的构造

一、外耳

外耳是人耳直接暴露在空气中的部分，由耳壳和外耳道组成，也是通常意义上的人耳部分。在人耳听觉研究的早期，人们认为耳壳是退化的器官，在整个听觉形成过程中发挥的作用非常有限。现代科学越来越多的研究成果表明，耳壳通过特有的结构反射入射声波，在收集声波方面发挥着重要作用，而且还具有声源定位功能，是人耳判断声源前后方位的重要器官。

图 1-2 显示的是波阵面以一定角度到达外耳的情况，入射声波用两条声线表示。从图中可以看出，入射声波在耳壳发生反射现象。在外耳道的入口处，直达声和反射声产生干涉现象，形成梳状滤波器效应。显然，这种干涉现象将随着入射声波的方向和频率不同产生变化。被干涉后的声波通过外耳道到达中耳的鼓膜后，也将导致作用在鼓膜上的声压发生变化。

事实上，外耳道可以看成是个截面连续变化、扭曲的管道，从声学的角度看，发挥类似风琴管的作用。通常情况下，外耳道的长度约为 3cm，直径在 0.7cm 左右，终端是与之相连的鼓膜。声波从不同方向入射后，通过耳壳的反射在外耳道内形成不同的共振，不同的共振对应不同的声波入射方位，具有特定的方向信息。共振产生的方向信息以声压变化的形式作用在鼓膜上，并通过中耳和内耳传至听觉中枢，从而成为人耳听觉判断方位的重要依据。

外耳道内发生的共振会导致入射声压的提高,相对于声波在外耳道入口处的声压,共振引起的声压提高大约 10dB。入射声波在人的头部还将发生衍射现象,这种衍射也会对声压起到部分加强作用。所以在多重因素的作用下,声波到达鼓膜处的实际声压将会被提高 20dB 左右。此外,当外耳道的长度是声波波长的 1/4 时,该频率的声波还将在鼓膜处被加强,不过只是声压加强,声波的能量并不会发生变化。

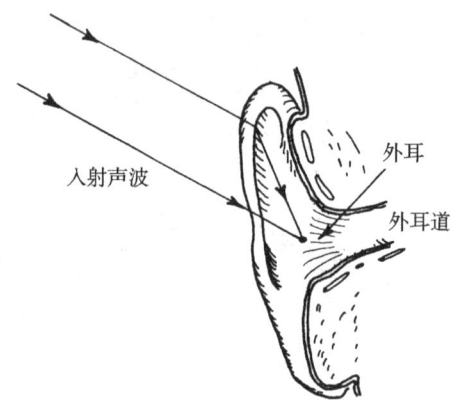

图 1-2 外耳接收不同方向的声波

二、中耳

人的中耳是位于鼓膜内侧的腔体部分,由鼓膜、三块听小骨(锤骨、砧骨和镫骨),以及容纳听小骨的鼓室组成,如图 1-3 所示。三块听小骨以关节状的形式连接,并由锤骨连接鼓膜内侧。鼓膜的振动传递给锤骨后,需经过砧骨和镫骨将振动传递到内耳的卵圆窗和耳蜗内的淋巴液处。

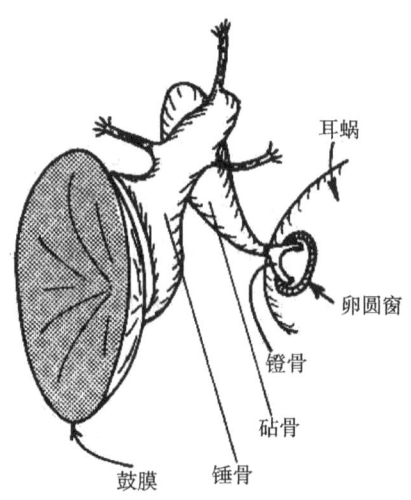

图 1-3 声波在中耳的传递

中耳的构造和机理有效地保障了声波能量被传递到内耳的淋巴液。否则，如果声波直接作用到内耳的卵圆窗上，将会有99.9%的能量被反射，只有0.1%的能量传递到淋巴液。原因是空气的密度相对较小，在外力下易被压缩，耳蜗内淋巴液的密度相对较大，不易被压缩，直接传递的情况下，绝大多数的空气振动会被直接反射。人耳正是通过三块听小骨的高效连接，以及鼓膜与卵圆窗面积上的差别，实现了声波能量从密度较小的介质向高密度介质的传递。专业人员的听音训练，实际上就是利用中耳的机械系统，将外耳的空气和内耳的液体进行声学阻抗的匹配，并以此来提高声波传输的效率。

三、内耳

人的内耳由耳蜗和半规管组成，连接中耳的是内耳的卵圆窗。声波经外耳传递到中耳后，经系列的机械传递由镫骨将能量传递到卵圆窗，然后由淋巴液将振动传递到耳蜗内的基底膜。如图1-4所示。在淋巴液的作用下，基底膜将会产生共振，共振的部位与振动的频率相关，即频率的函数（靠近卵圆窗的部位将与高频声波共振，靠近最里面的部位将与低频声波共振）。基底膜的振动会传递到与之相连的毛细胞，毛细胞刺激听觉的末梢神经后则会产生电脉冲，由此经过传递和转换的声音信号才被送往大脑皮质中的听觉中枢。

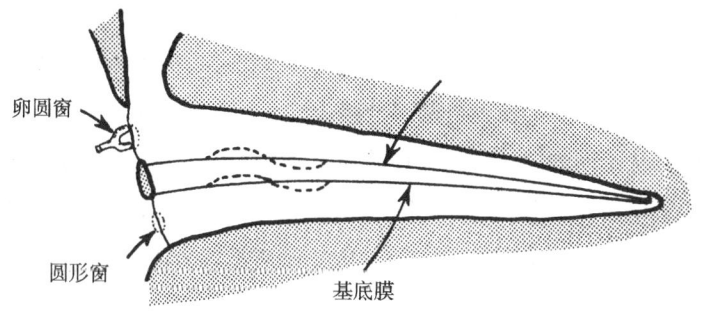

图 1-4 声波在耳蜗内的传递

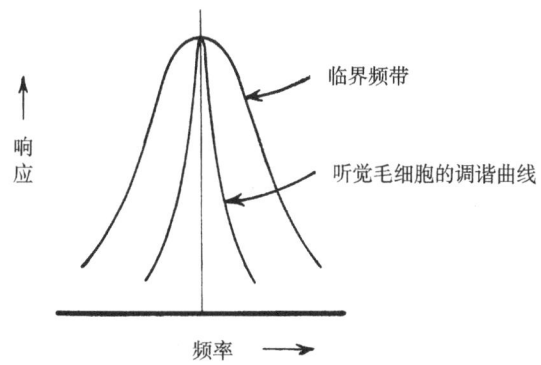

图 1-5 耳蜗对声波频率的分辨

值得注意的是，在整个人耳构造中，耳蜗实际还是一个精密的声波分析装置，对声波的频率具有很强的分辨能力。它能将 1 000Hz 和 1 003Hz 的频率分别出来，分辨力达到 0.3%，这主要得益于听觉毛细胞对频率的响应有较窄的带宽、较快的衰减。如图 1-5 所示，图中两条曲线分别为听觉毛细胞的调谐曲线和听觉滤波器的临界频带。正因如此，人耳才能在复杂的音乐或语音信号中分辨出不同的频率成分。

第二节　人耳的听觉系统

声波振动是客观的物理过程。将客观物理过程转换为主观听音感受的，是人耳的听觉系统。在相同的声源面前，不同的听音人会得到不同的听觉感受，说明人耳的听觉系统存在一定差异，但人耳听觉系统共同遵循的一些规律也显而易见。它不但涉及人耳的生理结构和内在机理，也涵盖心理声学，甚至更为广泛的学科领域。

一、人耳的传递函数

人耳的生理结构使其会对入射的声波进行反射，并且对个体而言，产生的反射效果是相对固定的。例如，人耳对声源进行定位的时候，大脑通过鼓膜振动提供的信息进行方位判断。事实上，鼓膜上承受的压力由两部分组成：一部分是变化的，另一部分是固定的。变化的部分是声波从不同方向入射到外耳道入口处产生的，携带有特定方向信息。固定的部分是外耳道内产生的共振形成的。如图 1-6 所示，图中曲线即为外耳道共振的频率响应曲线，反映的是声波通过外耳道到达鼓膜的响应，通常被称为传递函数。从图中可以看出，外耳道内的第一个共振峰大约在"5kHz"，第二个共振峰在"10kHz"左右，这主要由外耳道生理结构造成的。

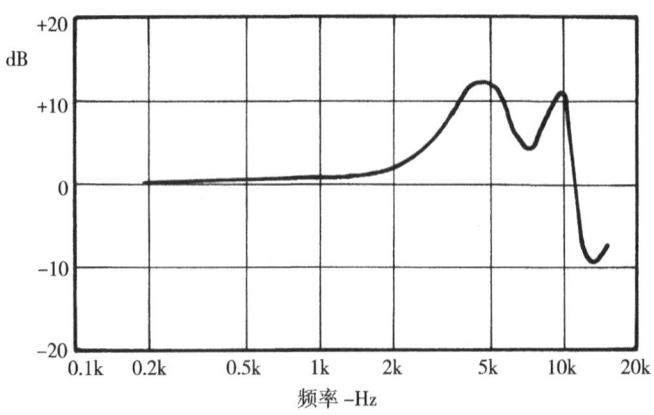

图 1-6　外耳道传递函数曲线

耳壳的生理结构决定了从不同方向入射的声波将在耳壳产生不同的反射，因此耳壳的传递函数取决于声源的入射角。声源辐射的声音从不同方向入射到耳壳，经耳壳反射后，将在外耳道的入口处形成不同的耳壳传递函数，每个耳壳传递函数对应了不同的方向信息，在某种程度上，也可以说声源的方向信息在此进行了编码。图1-7为几个特定声源入射角上的耳壳传递函数。函数曲线是在自由声场的条件下，位于外耳道入口处的测量结果。图中三条曲线分别为听音人正前方0°位置的耳壳传递函数，左前方36°位置的声波到达左耳的耳壳传递函数和听音人左侧90°位置的声波到达左耳的耳壳传递函数。人耳鼓膜位置的传递函数就是这种随入射方向变化而不同的耳壳传递函数和外耳道传递函数叠加的结果，它包含了所有的方向信息，并且从不同方向入射的声波所携带的方向信息具有唯一性。大脑正是通过识别这种具有唯一性的方向信息对声源进行定位的。

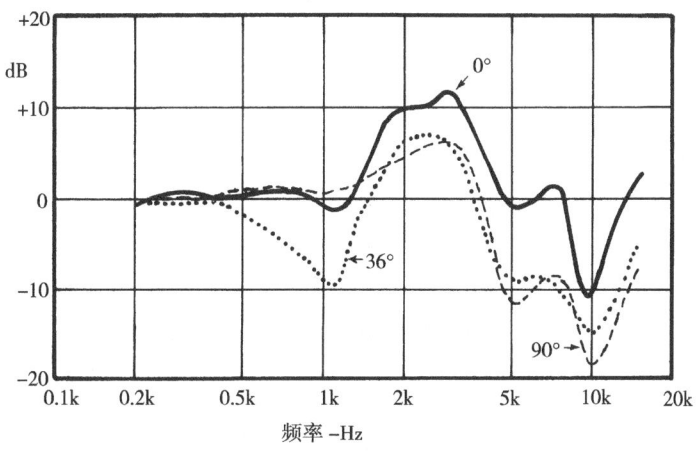

图 1-7 耳壳传递函数曲线

声音工作者了解和掌握人耳听觉相关的知识，不仅是为了更好地理解工作中出现的各种声音现象，更重要的目的是充分利用人耳特性，改善听觉感受，进行艺术创作。如图1-7所示，图中听音人正前方0°的耳壳传递函数曲线在2k~5k Hz的频率范围内有比较明显的提升，这说明耳壳反射能有效提升该频段的声音能量。正是基于人耳听觉的这个特点，很多录音师期望人声能够从背景音乐中突显出来。他们在改善人声清晰度的时候，往往会对这个频段的人声进行均衡处理。

二、隐蔽效应和听觉滤波器

人耳对于声音的分辨具有相对性。在安静的环境里，人耳能够分辨出比较轻微的声音，但在背景环境相对嘈杂的情况下，较弱的声音则容易被淹没，如果想重新听到较弱的声音，必须适当提高较弱的声音的音量才行，这就是通常所讲的隐蔽效应。隐蔽效应可以定义为：由于一个声音的存在而使另一个声音听阈提高的现象。

隐蔽效应是日常生活中经常碰到的现象。在早期研究中人们就发现：在隐蔽噪声的频谱中，如果在声音信号涵盖的相应频段上隐蔽噪声有较大的能量，该声音信号就容易被隐蔽噪声隐蔽掉。也就是说，如果声音信号与隐蔽噪声有频谱重叠现象，而且隐蔽噪声在该频段能量较大时，这个声音信号的听阈就会被提高。后来，弗莱彻（Fletcher）在隐蔽效应的研究中提出了听觉临界频带的理论和听觉滤波器的概念，并对人耳的听觉隐蔽效应进行了量化研究。弗莱彻认为，人耳的听觉系统类似于常见的图示均衡器。图示均衡器由一定数量的带通滤波器组成，在人耳的听觉范围内，按照一定的规则确定中心频率，中心频率呈不连续分布，并在带通滤波器衰减3dB处相交，如图1-8所示。人耳的听觉系统就像一组具有连续中心频率的带通滤波器，听觉范围内的每一频率都有一个相应的听觉滤波器，如图1-9所示。

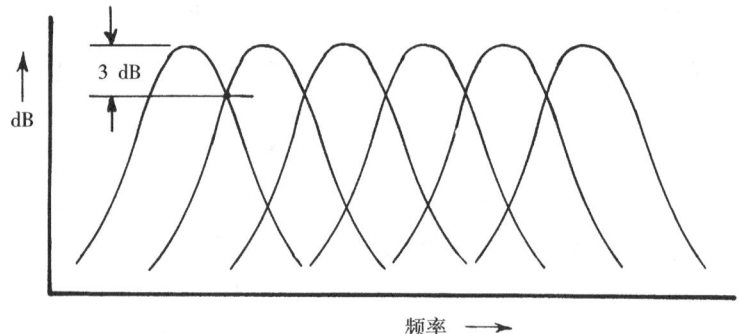

图1-8 图示均衡器的频率响应

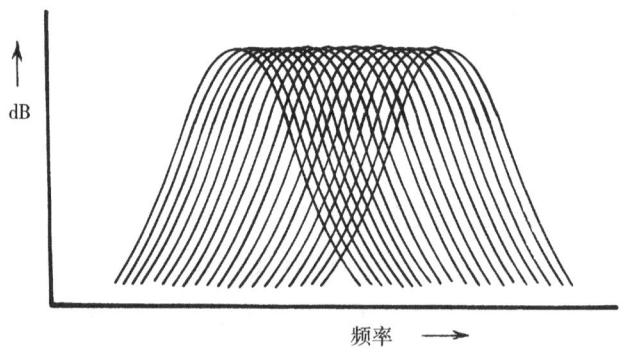

图1-9 人耳听觉滤波器的频率响应

相较通常的图示均衡器，听觉滤波器的每个滤波器的临界带宽都不同，带宽取决于具体的中心频率。表1-1中列出了几个特定中心频率的临界带宽，随着中心频率的提高，临界带宽呈现出范围扩大的趋势，但没表现出具体的规律。根据弗莱彻的理论，如果测试信号的频率为260Hz，隐蔽噪声采用白噪声，要想隐蔽掉260Hz的测试信号，仅需将听觉滤波器的中心频率设为260Hz，并将通过该滤波器的白噪声电平提升到一定量即可。事实上，在声音节目的后期制作中，如果声源的声像位置重合或者接近，也经常会出现不同声音之间相互隐蔽的情况。如流行音乐中架子鼓的底鼓和贝斯之间，或者其他频谱成分接近的乐器之间。解决这种由于隐蔽效应造成的声部不平衡问题，可以利用声像电位器将相互隐蔽的乐器分配到不同的空间位置，也可以利用均衡器做适当的补偿，避免不同声部的频谱能量相互重叠。

表 1-1 听觉滤波器的临界带宽

中心频率（Hz）	临界带宽（Hz）
100	38
200	47
500	77
1 000	128
2 000	240
5 000	650

三、反射声的效果

声学研究通常在几乎完全隔声、没有任何反射的自由声场内进行，目的是消除不确定因素，获得相对客观的科学研究结果。现实生活中不可能存在这种声场条件，而且与人们日常生活相关的，更多的是声音在相对封闭空间中的传播情况，因此人耳听觉对反射声的主观听觉效果就成了室内声学研究的重要领域。

声波在空中传播需要一定的时间。声源在室内空间时，尽管不同的声源有不同的辐射特性，但声源基本会向所有的方向辐射声波。在室内空间中听音人首先听到的将是声源到人耳的直达声，其后是经各种反射面反射的无数反射声。反射声经历的路径决定了它相对于直达声的延时，不同的延时时间将对听音人产生不同的主观听音效果。另外一个决定反射声效果的重要因素是反射声的幅度，它受反射声经历的路径和反射界面的声学特性等诸多因素影响。

为了研究人耳听觉对不同反射声的主观效果，人们做了大量研究实验。基本的实验方式是用扬声器和延时器来模拟到达人耳的直达声与反射声。图 1-10 是利用两只扬声器测试的结果，扬声器的夹角为 45°~90°。实验过程中一只扬声器用来模拟发出直达声，另一只扬声器通过延时来模拟反射声，实验的测试信号为语言，同时为了减小房间反射对实验结果的影响，实验在没有反射的自由声场条件下进行。实验总结出了四条反射声的主观效果曲线，每条主观效果曲线代表不同强度的反射声。

图 1-10 中，曲线 A 是听音人刚刚感觉到反射声存在的情况，即反射声的觉察阈。对于不同的延时时间，人耳能够觉察的最小反射声也不一样。总体而言，延时越短，能够觉察到的反射声越大，随着延时时间的加长，人耳能够觉察到的反射声逐渐变小。实验表明，

如果在反射声觉察阈的基础上逐渐增加反射声的电平,即使在没有反射的空间中,听音人也会感到测试的语言声具有一定的空间感,但不会影响直达声的听音效果。不过,当反射声的电平提高到某一特定的数值时,听音人就会感到所听声像的大小或位置发生了变化。在不同的延时时间上提高反射声的电平得到曲线 B,该曲线就是这种新效果的阈值,大致比曲线 A 的阈值高 10dB 左右。图中曲线 C 描述的是在直达声之后,反射声在不同的延时时间上听音人能够清晰听到回声效果的阈值。曲线 D 体现的是将反射声的电平继续增大,使得反射声和直达声响度一致的情况,这就是著名的 Hass 曲线。哈斯(Hass)发现,当延时小于 30ms 左右,延时的反射声电平大于直达声电平 10dB 时,虽然语言的清晰度会有所下降,但听音人不会感到反射声的响度大于直达声。同时,在反射声电平增加的过程中,声音的音色、声像和空间感都要相应发生改变。

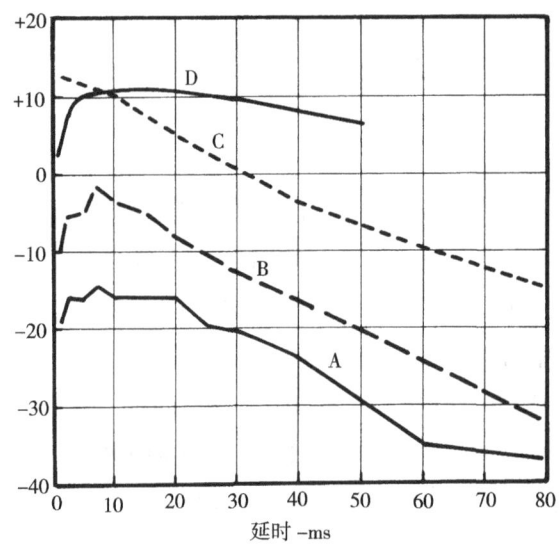

图 1-10 反射声的主观效果曲线

总而言之,从图 1-10 可以看出,具有不同延时时间的反射声,改变其与直达声之间的相对量,将导致不同的主观听音效果,这也是不同室内空间给人以不同听觉效果的重要原因。在曲线 A 以上,反射声将给直达声带来具有空间感的主观听音效果;反射声电平高于曲线 B 时,反射声将影响声源的声像定位;反射声电平大于曲线 C,并进一步增加时,听音人将会感觉到回声现象的发生;直到反射声电平达到曲线 D 时,反射声和直达声的响度达到一致。图 1-10 中曲线的间隔大约都是 10dB。增加反射声的电平会对声源的音色造成影响,特别是在反射声电平较高时声源音色会有更明显的变化。但比较而言,听音人对声源在空间和方向上发生变化的感觉要更明显些。因此,除了直达声以外,反射声是人耳对声源定位的另一个重要信息。基于上述人耳对反射声的主观听觉效果,录音师也经常利用延时来调整节目中的人声或乐器的定位与音色等。

第三节 人耳对声源的定位

人耳对声源方位的定位能力，即对声源的方位感，也可称作人耳的声学透视特性。这种定位能力主要包括人耳对声源的水平定位、上下定位、纵深定位和前后定位四个方面。我们研究人耳定位能力，不仅是探索人耳听觉奥秘的需要，更是研发和改进立体声重放系统的前提，以及设计和应用传声器技术进行各种类型立体声节目录音的基础。

一、人耳对水平面内声源方位的定位

人耳对水平面内声源方位的定位能力最早被研究和开发利用。现在依然被广泛应用的双声道立体声和环绕声重放系统，以及相应的拾音和制作技术都是基于对人耳这种能力的研究成果。这些研究主要聚焦于不同方位的声音到达人耳所形成的差别，以及这些差别与声源方位的唯一对应性。采用的方法基本是在特定声场条件下，以特定的声源对听音人进行测试。

在与人耳齐平的水平面内，如果有声源偏离正前方一定角度，声源到两耳之间的距离也就不同。如图 1-11 所示，声源位于听音人的左前方，左耳距离声源的位置相对更近，在空气中传播的声波会先到达左耳，到达右耳的时间要延迟于到达左耳的时间。也就是说，在水平面内声源偏离听音人正前方的时候，听音人两耳分别听到的声音之间存在时间差。声源的方位发生变化，两耳之间的时间差也会产生细微的差别，这种差别同声源的方位具有唯一对应性。人耳正是通过这种细微的差别来判断水平面内声源的位置，不论声源处于何种状态。人

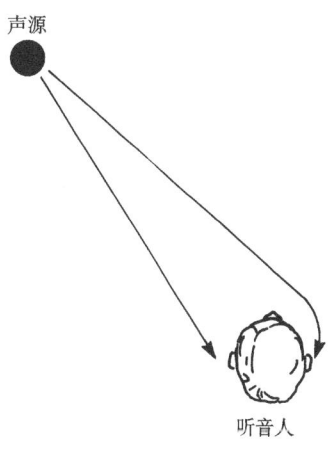

图 1-11 人耳听音情况

耳对有较强瞬态的脉冲声、连续的持续音，或是音色不断发生变化的声音都有定位能力，相比而言，对瞬态声音的定位要比对持续的声音定位更容易一些。

通常情况下，人们听到的声音都是由许多按不同频率做简谐振动的声波组成，声波到达人耳的时间差必将导致两耳间存在一定的相位差。声波到达两耳的相位差同声源的频率有关。当声源的频率较高时，声波的波长较短，此时由时间差所形成的相位差甚至会超过 360°。在这种情况下，人耳无法区别存在的相位差是超前，还是滞后，所以也就难以根据相位差来判断声源的方位。当声源频率较低时，声波的波长较长，并且出现波长大于两耳之间距离的情况，此时两耳之间存在的相位差将处于振动的一个周期内（360° 以内），不同方位的声源所形成的相位差具有唯一性，听音人也就能由此来判断具体的声源方位。如图 1-12 所示。

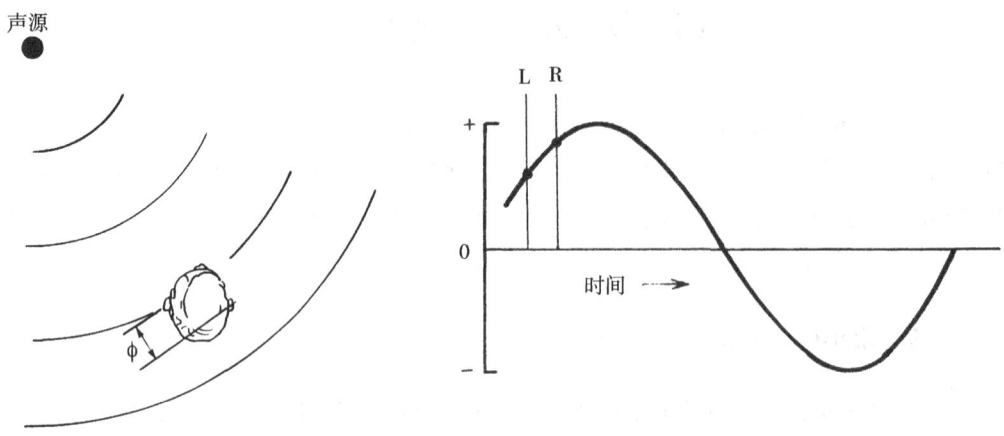

图 1-12 声源频率较低时在两耳产生的相位差

从图 1-11 所示的人耳听音情况可以看出，声源偏离正前方位置时，某种程度上，声场内人的头部也成了一种障碍物，会阻碍部分声音传递到耳朵。极端的情况下，即声源位于听音人左侧，听音人的右耳完全被头部遮挡，头部作为障碍物的情况也更为明显。此时，听音人左耳接收的声波是稳定的，不随频率的变化而变化，但是右耳所接收的声波将与声源的频率有关。当声源的频率较低时，声波的波长较长，头部对该频率的声波几乎没有任何阻碍作用，如图 1-13 所示，头部作为声场中的障碍物可以忽略不计。而当声源的频率较高时（大于 1 000Hz 左右），声波的波长较短，头部将起到障碍物的作用，到达左耳的声波将被人头遮蔽，不能衍射到听音人的右耳，从而在右耳附近会形成声影区，如图 1-14 所示。声影区的存在，会使听音人的两耳接受的声压不同，在两耳间形成一定的声级差。同时，由于部分高频成分被头部遮蔽，右耳接收到的高频成分要少于左耳，声波到达两耳的频谱存在差异，故而这种情况下两耳之间还会存在一定的音色差。

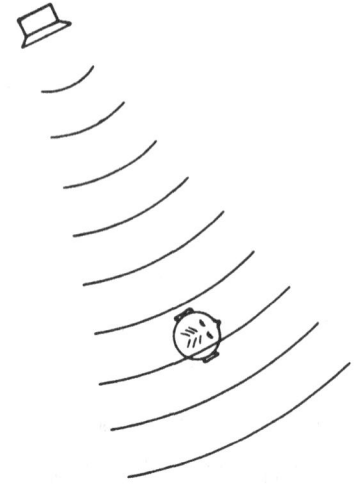

图 1-13 人头对低频声音没有阻碍作用

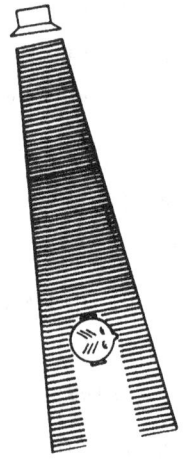

图 1-14 高频声在头部形成的声影区

显然，无论是声级差，还是音色差，这些细微的差别都与声源相对于听音人的方位有唯一确定的对应性，正是这种对应性为人的大脑提供了判断声源方位的依据。图1-15显示的是通过实验测定的、声源位于不同的方位时其辐射的声音在两耳间形成的音色差。图中0°表示声源位于听音人的正前方；90°表示声源位于听音人的一侧；180°表示声源位于听音人的正后方。图中1kHz以下的曲线相对比较平直，而1kHz以上的曲线则呈现出比较大的起伏，这也充分说明了头部对高频声的遮蔽作用。

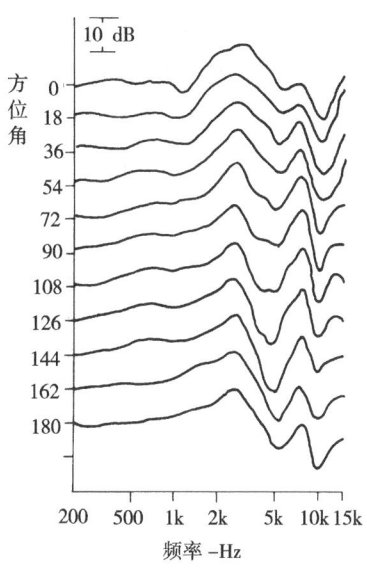

图1-15 不同方位角上两耳间的音色差

人耳在水平面上对声源方位的判断，主要依靠的是不同方位声源辐射的声音在两耳间造成的细微差别，且这些差别具有唯一性，否则人的大脑将无法准确做出方位判断。在不同的方位上，产生差别的因素分为两个方面：一方面是声波的特性，包括声速和频率等；另一方面是人耳和头部等的生理特性。自然界中的声音基本都是由很多频率的振动叠加产生的，人耳的生理特性和头部的遮蔽作用促使两耳定位复杂化，对不同频段的声音要依据不同的因素进行定位。通过上述分析我们可以得出结论，在水平面内人耳对声源定位主要依据的是时间差（或相位差）和声级差（或音色差）。在低频范围内时间差是主要的定位因素，高频范围内则声级差起主要作用。不过，采取不同因素定位的频段之间并不直接转换，其间存在一个过渡，过渡区域大致为700~800Hz的频率范围，这个频段的波长恰好相当于成年人头部的物理尺寸。如图1-16所示，从700Hz左右开始头部的遮蔽作用逐渐明显，到800Hz左右声级差成为主要的定位因素，在这个过渡范围内两耳间的时间差和声级差共同作用，实现对声源的方位判断。

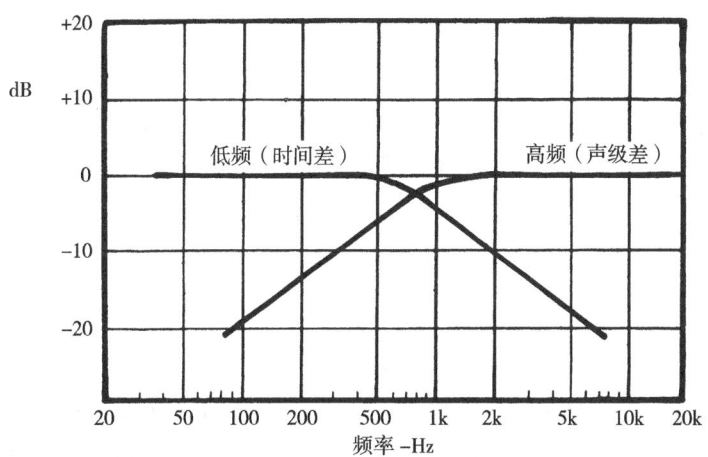

图1-16 人耳对声源定位的主要因素

对于非常低的频率范围，人耳是无法对声源方位做出判断的，图1-16清楚地显示出这种特性。主要原因是较低频段的波长太长，在两耳间产生的差别太小，人耳基本无法辨别出这些差别，通常这个频率范围也是亚低音扬声器的工作频段。很多重放系统的扬声器布局标准，对亚低音扬声器都不做明确的设置要求，主要是考虑到这种扬声器几乎没有指向性，人耳也很难对其方位进行判断。尽管有研究表明，人耳对较低频率的声音也有方位感觉，但得出的研究结果显示也是一种非常微弱的判断，在很多情况下可以忽略不计。通常情况下，人们在听音过程中不会保持绝对的静止，尤其人的头部不可能始终保持一种状态。正是注意到这种现实问题，有学者研究表明，听音人头部轻微移动在两耳间引起的时间差也可以为大脑提供定位信息，特别是能提供人耳对声源前后和距离的定位信息。

值得说明的是，在水平面内人耳对声源有较强的定位能力，但这种能力在不同方位上存在明显差异，而且人耳对不同频率声音的定位能力也不相同，这也是人耳定位能力具有复杂性的重要原因。例如，在水平方向上，人耳对正前方附近500~1 000Hz的声源能分辨出1°的方位差，当声源偏离正前方60°时，能分辨出的方位差只有2°~3°。继续增大角度，人耳的方位分辨能力会出现急剧下降的情况，偏离80°附近时能分辨的方位差约为10°。同样情况下，人耳对2kHz声源的方位分辨能力相比1kHz的显著变差。声源频率增加到3k~6k Hz范围时，人耳基本能恢复到1kHz时的分辨能力，继续提高声源的频率，则分辨力又会变差。对于不同频率的声源，人耳的方位分辨能力呈现出起伏变化的状态。频率在8kHz以上的声源，人耳对其前后方位的判断还比较准确，对于8kHz以下的声源，人耳则会出现前后方位判断能力变差的情况。

二、人耳对中心垂直面内声源方位的定位

中心垂直面是个假设的平面，它通过人的头部和鼻子，且垂直于水平面，如图1-17所示。以这个假设的平面作为研究对象，是对不同高度声源做水平和垂直分解的结果，目的是在特定的边界条件下简化实验和研究过程，便于将研究结果拓展到人耳对其他方位的定位中。从图中可以看出，在中心垂直面内声源相对于人的两耳是对称的，理论上平面内声源到达听音人两耳的信号将完全相同，两耳之间既没有时间差，也不存在声级差。显然，人耳对声源上下高度的定位，依靠的是完全不同于水平定位的信息，在定位的工作原理上有着本质区别。

科学研究表明，人耳对中心垂直面内声源的定位，主要是通过判断不同位置上声源频谱发生的变化来实现，这种变化是由人的头部和耳壳衍射作用造成的。头部和耳壳特有的生理结构，决定了不同方位声源辐射的声音到达两耳会产生不同的反射，结果会使声音的部分频段出现能量提升，或者能量衰减的情况。这种频谱上的变化由声源的方位决定，且频谱之间的差异与具体方位有唯一的对应性。由此可见，任何三维立体声重放系统，只有

将频谱差异定位的信息进行忠实记录和重放，才能达到理想的三维立体效果。

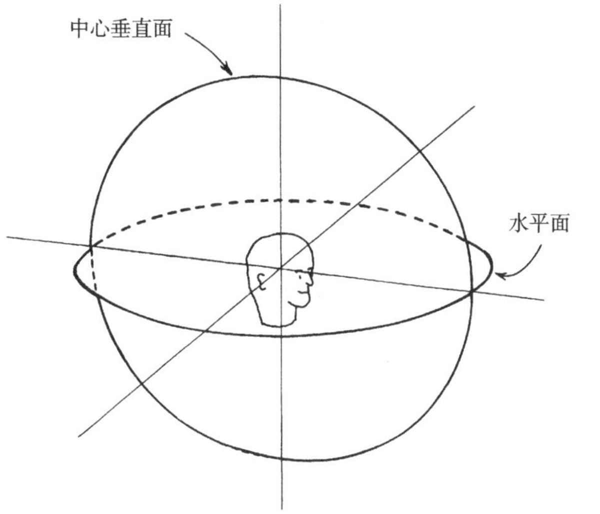

图 1-17 垂直于水平面的中心垂直面

人耳利用声源频谱变化的信息来确定水平面以外声源方位的理论由布卢姆（P.J.Bloom）提出。该理论认为，在耳壳传递函数中（如图 1-7），10kHz 左右的陷波是人耳判断声源方位的重要信息，具体可以通过实验予以验证。如图 1-18 所示，用于验证实验的噪声频谱的中心频率为 8kHz，带宽为一个倍频程。该噪声的作用是模拟经过耳壳和外耳道反射到达鼓膜的声音。

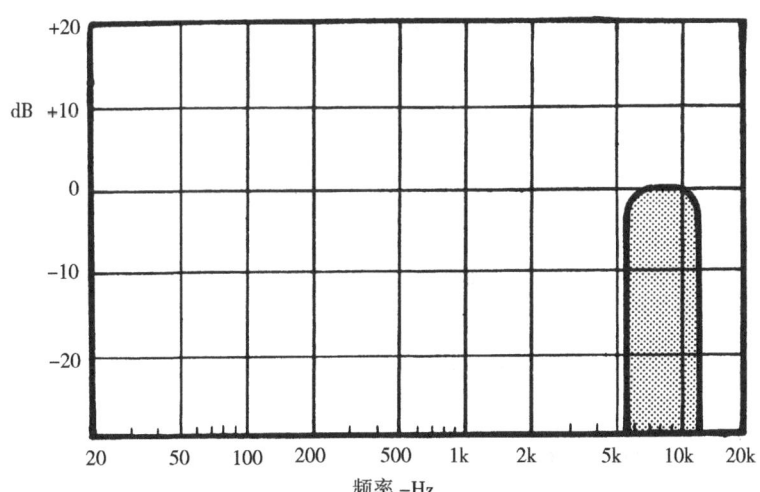

图 1-18 中心频率 8kHz、一倍频程带宽的噪声

实验用一个可以沿频率平移的陷波信号模拟反射后的声音，用陷波信号与噪声混合后的信号模拟到达鼓膜的声音。为了提高实验的有效性，测试者采用耳机来进行听音实验。测试发现，如果陷波信号的中心频率选择为 8kHz 时，听音人会感到噪声信号来自上方，如图 1-19 所示；

如果将陷波信号的中心频率调整到 7.2kHz，噪声会出现在听音人的正前方，如图 1-20 所示；如果将陷波信号的中心频率平移到 6.3kHz，听音人则会感到声音来自下方，如图 1-21 所示。

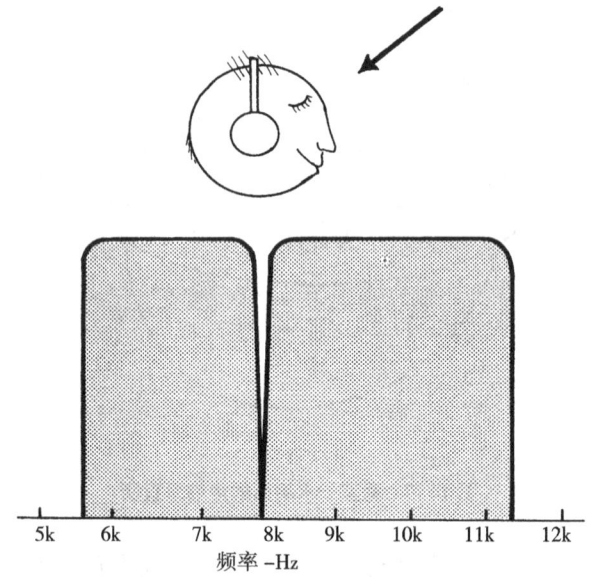

图 1-19　中心频率为 8kHz 的陷波信号与噪声混合后的听音效果

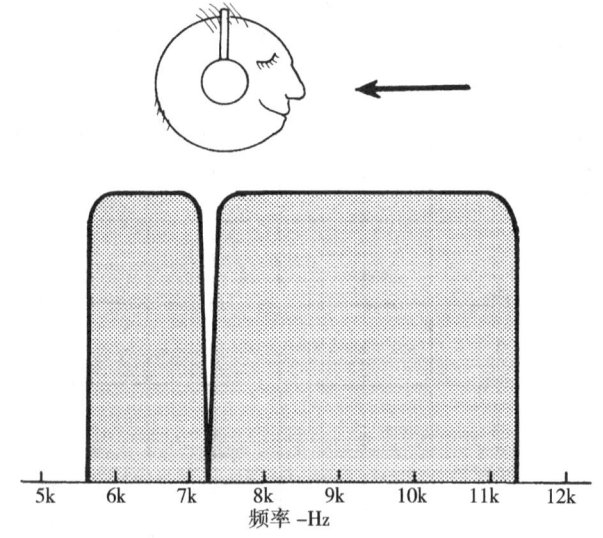

图 1-20　中心频率为 7.2kHz 的陷波信号与噪声混合后的听音效果

上述实验表明，大脑能够将陷波信号的位置作为声源的定位信息。这有力证明了耳壳对不同方向上入射声波的反射情况和声源方位之间存在一定的对应关系，这种对应关系正是判断声源上下方位的有效信息。后来，布劳尔特（Blauert）总结了大量有关人耳在中心垂直面内对声源定位的实验，揭示出人耳这种方向定位能力，源于对信号所包含的频谱成分的判断。图 1-22 所示，即为在中心垂直面内，声源频谱成分与其方位之间的关系。从图中可以看出，500Hz 和 8kHz 附近的频率决定了上方声源的定位，定位后方声源的频率在 1kHz 和 10kHz 附近。

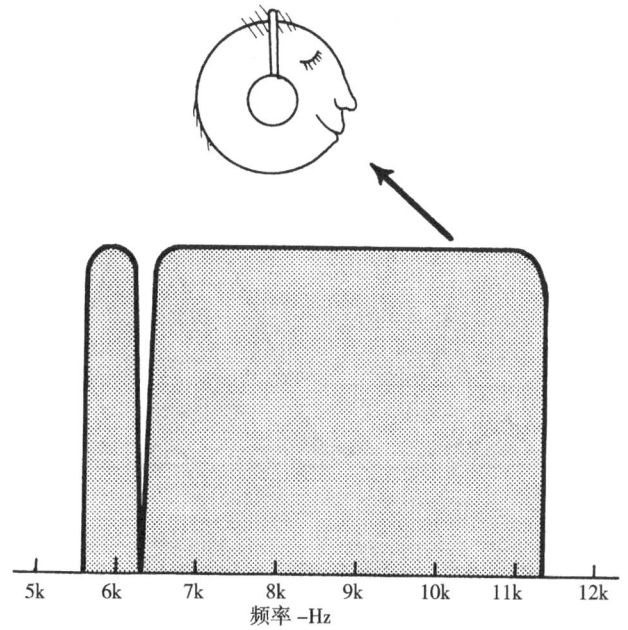

图 1-21 中心频率为 6.3kHz 的陷波信号与噪声混合后的听音效果

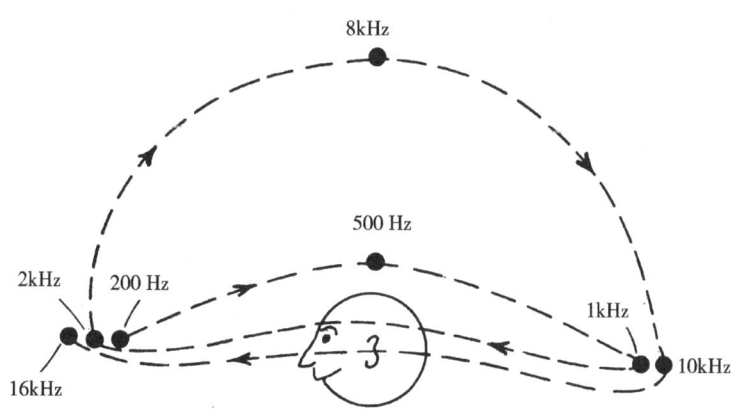

图 1-22 人耳在中心垂直面内声源定位与频率之间的关系

为了进一步揭示人耳在中心垂直面内对声源的定位，布劳尔特还以 1/3 倍频程的噪声脉冲为测试信号进行了实验。为了简化复杂的研究过程，该实验要求测试者只判断声源是否出现在前方、上方或后方。通过对数据的统计和研究，布劳尔特给出了测试者对不同频段信号的定位判断。如图 1-23 所示，前方和后方主要有两个频段的信号对声源定位发挥作用，上方声源的定位主要集中在一个频段，具体的方位和对应频段为：

前方	300~600Hz	3 000~6 000Hz
上方	8 000~9 000Hz	
后方	800~1 800Hz	9 000~15 000Hz

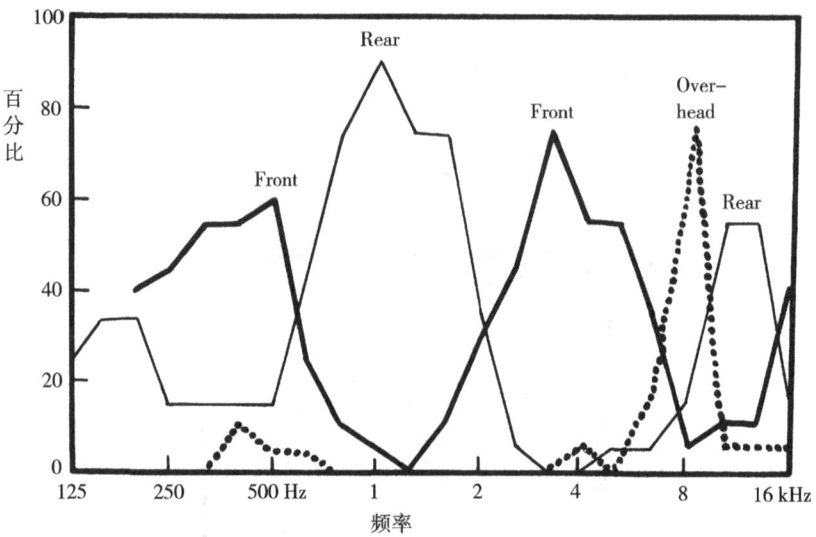

图 1-23　1/3 倍频程噪声脉冲在中心垂直面内的定位

综合上述实验结果可以看出，声源在中心垂直面上无法在两耳间形成水平面中的时间差或声级差，但声源在不同方位上耳壳会产生不同的反射情况，导致从相应方位入射的信号频谱发生变化。频谱变化的频段与声源方位具有对应性，这种对应关系是人耳在中心垂直面内对声源方位进行判断的依据。

三、人耳对声源纵深的定位

人耳对声源纵深感，或者说对声源距离远近的判断，在室内和室外是不同的。在室外人耳主要依靠声音强弱的对比、频谱的变化，以及地面、四周物体对声音的反射程度获得。在室内则除了上述因素外，人耳还依靠室内更为丰富和复杂的反射声。听音人相对于声源距离的不同，令反射声到达听音人的延时存在差异，直达声和混响声的比例也不同。如果直达声相对于混响声的比例较大，说明声源处于较近的位置；如果直达声相对于混响声的比例较小，说明声源处于较远的位置。目前，现代音乐制作普遍采用的多轨分期录音工艺，为保证各声部之间的独立性，以便后期制作能有更大的空间，前期录制常采用近距离拾音方式，并将不同声部分别录制到不同的声轨上。这种制作工艺的优势明显，但拾音方式决定了录制下来的声音信号缺乏纵深感。工作人员在后期制作中根据需要对各声部进行纵深定位的操作，依据的正是人耳对声源纵深判断的因素。

第四节 立体声系统

人类听觉具有全方位的感知能力，沉浸在各种声音的包围中，听觉世界呈现出多维、立体和层次分明的声音景象。具有方向性的声音可以作为信息传播的符号，充满空间感的音乐能使情感表达得更加充沛。自然赋予人类丰富的听觉体验，自然也促使人类怀有能将其再现的憧憬。科学家们很早就开始了对立体声录制和重放系统的研究，至今仍在为能全面再现人耳在现实中的听觉场景而努力。相比最早出现的单声道系统，立体声系统可使听音人感受到重放的声源方位，具有更接近现实的自然感和空间感。立体声系统由两个或两个以上的传声器、传输通路和扬声器（或耳机）组成。立体声系统的基本原理是利用设置传声器，或其他技术方式获取声音的方位信息，通过相应的扬声器系统准确重放立体声信息，使听音人在听音位置获得声源的空间分布感。

立体声最早以双声道立体声的形式在电影制作中被采用。1935 年，著名的声学家布鲁姆林（Blumlein）采用简单的立体声制作工艺，在楼上拍摄了一段火车进站的场景。这段具有标志性的影音总共 5 分 11 秒，在固定的拍摄镜头下火车从右往左穿过画面，运动的火车音响基本实现了与画面的同步。随后，伴随着立体声黑胶唱片的诞生，双声道立体声在唱片、磁带和广播等领域迅速普及。1992 年，第一部采用杜比 AC-3 编码的电影《蝙蝠侠归来》上映，推动了多声道环绕声在更多领域的发展。不过，作为后来各种环绕声系统的基础，双声道立体声具有更为突出的实用性和便捷性，至今仍是大众中最为普及的声音系统。

一、双声道立体声系统

声音记录和重放技术诞生后的几十年间，人们采用的都是单声道系统。典型的单声道系统利用一只传声器拾取声音，通过一个通路传输信号，并由单只扬声器进行重放，如图 1-24 所示，从声源到听音人，典型的单声道系统由一个通路实现。如果是用全指向传声器拾音，系统在各方向上的灵敏度相同。传声器能够拾取到声波振动的基本特征，也能拾取到不同方位声源辐射的声音到达拾音位置的声级差，以及直达声和反射声之间的差别。这些信息能忠实地再现声源，为听音人提供声源的距离感和整个厅堂的声学特性，但系统的原因导致重放的声音有被"压缩"的感觉。首先，声音形象被压缩。典型的单声道系统由一只扬声器进行重放，所有声源都被压缩到一个"点"上，既反映不出具体声源的方向，也体现不出整个声源的宽度形象，这在重放有一定宽度的乐队演奏时表现得尤为突出。其次，纵深感和空间感被压缩。听音人在现场听音时，直达声之后是来自各个方向的、具有随机性的反射声和混响声。单声道系统重放的直达声、反射声和混响声都从同一个方向传来。它们之间相互隐蔽，相互作用，产生梳状滤波器效应，呈现出声源空间感被压缩的感觉。在声源规模较大的情况下，录音师通常采用较为复杂的单声道系统。这种方式采用多只传声器拾音，以保证拾取到所有的声源信号，并采用多只扬声器重放，以保证重放的声音更均匀地覆盖到每位听众。事实上，由于所有传声器拾取到的信号都由一个通路传输，即使是同时驱动了多只扬声器，每只扬声器通路内的信号完全一样，不包含任何立体声信息，因此重放的仍是单声道的内容。系统同时采用多只传声器和扬声器进行拾音与重放，虽有效提升了拾音和重放的覆盖面，但也容易产生信号间的干扰，导致出现相位失真或梳状滤波器效应。

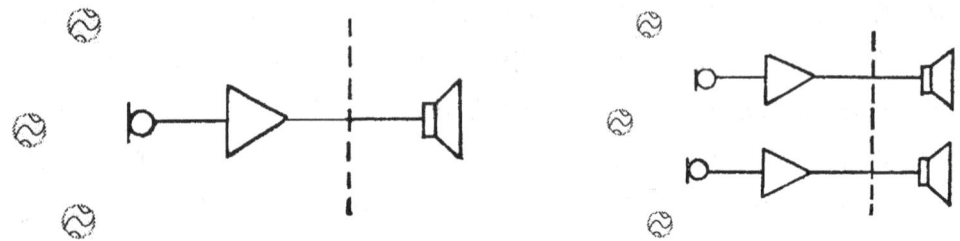

图1-24 典型的单声道录放系统　　　　　图1-25 典型的双声道立体声录放系统

　　双声道立体声系统是利用两个或两个以上的传声器拾音，通过对传声器的设置来拾取相互关联，又相对独立，具有定位作用的立体声信息，并由两个传输通路分别传送到两只或两只以上的扬声器系统中，如图1-25所示。如果是采用两只全指向传声器拾音，并由两个通路分别传输信号到不同的扬声器，系统将能保证拾取和传输具有差别的声音信号，为听音人提供重要的空间定位信息。双声道立体声系统可以在水平方向上对声源进行定位，较为真实地反映声源的方位分布，反射声和混响声的辐射更接近于自然声场的情况，信号之间的相互干扰大大减小，听音人能够获得更强的现场感和空间感。后来出现的多声道环绕声，则是在双声道立体声的基础上对侧方和后方入射信号的补充，听音效果也更接近现场的实际感受。

　　对于双声道立体声而言，设置传声器的技术十分重要。尽管多轨录音工艺可以利用声像电位器来对声源进行定位，但在各声部分轨录制时录音师也经常采用立体声拾音技术。一方面，合理设置传声器能确保拾取到人耳定位所需的立体声信息，准确再现声源的相对位置，保证声像质量。否则，拾取到的立体声信息不能再现实际现场的情况，导致重放的声像关系出现错误，或者是出现声像模糊的现象。另一方面，不同的传声器技术对声场内的反射声和混响声具有不同的控制能力，合理设置传声器能保证取得理想的空间效果。在实际应用中，拾取现场的反射声和混响声可以获得比较自然的空间感，但在很多情况下录音师也会使用人工混响，或者二者结合使用。不管采用什么样的方式，立体声都比单声道系统具有更自然和空间效果更好的听觉体验。

　　双声道立体声系统是为了再现声源的方位感和听觉上的空间感，模拟现场真实听觉效果开发的。相对于单声道系统，双声道立体声重放声像的展宽使影响声音重放质量的其他方面也得到改善。首先，重放声音的清晰度得到提高。在双声道立体声系统中，重放的声源从"点"声源分配到两只扬声器中,减少了不同声源在相同方位上的重叠,声音信号彼此间的隐蔽作用大大减小,在一定程度上提高了重放的清晰度。其次,双声道立体声系统有助于音乐中不同声部之间的平衡。双声道立体声可采用声像设置的方式,利用人的双耳效应和某些生理因素,将需要突出的声部定位在特殊位置上,在音乐整体电平变化不大,总体声部保持平衡的情况下,通过声像定位提高声音在大脑中的印象,突出特定的声部。最后,节目的背景噪声被有效降低。单声道系统的音乐信号和背景噪声混合在一起,由一个点重放出来。双声道立体声系统将节目信号分布到各个方位,同时也将背景噪声分散到各个方向,避免了背景噪声的相对集中,从而在主观听觉上给人背景噪声下降的感觉。

二、人耳在两扬声器间的声源定位

人耳能对声场中的真实声源进行声像定位。在通过扬声器系统再现声源的相对位置时,需要考虑的是人耳是如何利用重放信号来进行定位的。双声道立体声系统通常采用两只扬声器来重放立体声节目。在听音人位于两扬声器之间时(如图 1-26 所示),如果实验者向两只扬声器馈送完全一样的声音信号,听音人会感到两只扬声器连线的中点存在一个声像,声音来自中间位置,而不是两只扬声器各自发出声音。此时,人耳的听音情况相对复杂,两耳将分别听到不同扬声器发出的声音。例如,左耳先听到左扬声器发出的声音,经过延时才听到右扬声器传到左耳的声音。每只耳朵接收的声音是两只扬声器分别发出并在人耳处叠加以后的声音。

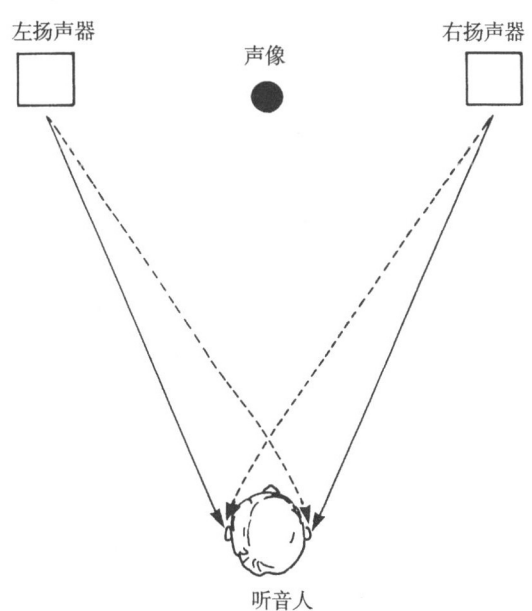

图 1-26 人耳接收两扬声器所发出的声音

根据前述在水平面内人耳对声源定位的分析可知,用两只扬声器进行声像定位,在听音位置再现声源的相对位置，需要扬声器发出的信号在听音人两耳间形成一定的时间差或声级差。例如，如果有一真实声源位于听音人正前方 15° 的位置，在听音人的两耳间形成 0.13ms 的时间差，若要通过扬声器重放，并将声源的声像定位在两扬声器中间 15° 位置，就需要扬声器发出的声音信号同样在两耳间形成 0.13ms 的时间差，否则声像将无法定位在 15° 的位置。这里需要注意的是，由于听音人每只耳朵听到的声音都是两只扬声器信号叠加后的结果，所以两耳之间形成的差别与扬声器之间的差别并不相同。

实践证明，这种基于叠加理论的定位原理适用于正弦波的情况，对频带较宽的声源并不适合。就人耳在两扬声器间的定位而言，锡尔提出的相关理论具有更强的实践性。该理论认为，当声音信号通过扬声器进行重放时，人耳进行声像定位的因素将由扬声器之间的差别代替真实声源在两耳之间形成的差别——人耳对低频信号的定位主要取决于扬声器间的时间差，对高频信号的定位主要由两扬声器间的声级差来决定。

1. 利用时间差对声像定位

按照锡尔提出的替代理论，人耳对扬声器重放的声音信号进行声像定位的问题可通过具体的听音实验开展研究。图 1-27 是听音实验的系统方案。图中实验的测试信号选择的是语言信号，重放信号之间的时间差用串联接入的延时器模拟。

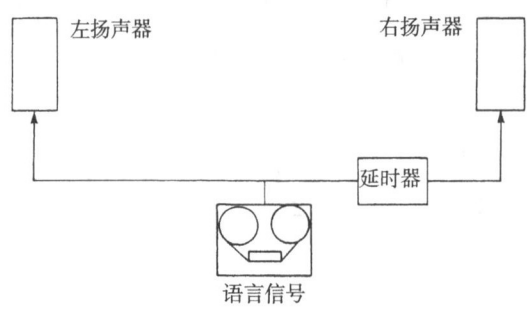

图 1-27 时间差听音实验

在不对语言信号进行延时处理的情况下，左右扬声器接收的信号将完全相同，两扬声器之间既没有时间差，也没有声级差，听音人会感到重放的声像位于两扬声器连线的中点位置，不会感到两扬声器在发出声音。当利用延时器对馈送到右扬声器的声音信号进行延时处理时，两只扬声器重放的声音信号之间将引入时间差而没有声级差，听音人会感到重放的声像沿着两扬声器之间的连线向未延时的扬声器移动，具体的偏移量取决于延时的时间。图 1-28 是两扬声器之间的延时与声像偏移量之间的大致关系。实验在标准的听音室中进行，10 位经过训练的人员接受实验。听音人位于两扬声器的中间，到扬声器的角度为 60°，即在双声道立体声的最佳听音位置上。图 1-28 显示的是 10 位听音人实验结果的平均值。可以看出，当延时达到约 1.5ms 时，听音人感觉重放的声像在没有延时的扬声器上。

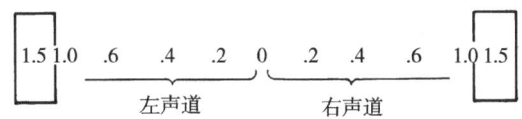

图 1-28 扬声器间时间差和声像定位的大致关系（单位 ms）

上述实验中，声像偏向于未延时扬声器的现象即为第一波阵面定律。在室内声学中，第一波阵面定律非常重要，它有效阐释了人耳在混响空间内能够清晰定位声源的原因。在具有混响的室内听音时，听音人除了听到直达声，还将接收到来自各个方向上的反射声，但所有反射声都是延时于直达声到达的。因此即使是在具有混响的室内空间，听音人也能对声源进行比较清晰的定位，来自其他方向上的反射声不会影响人耳对声源的定位。

扬声器间的时间差听音实验，验证了锡尔提出的替代理论，即扬声器间的时间差代替真实声源在两耳间形成的差别，成为人耳对重放声源进行定位的主要因素。延时达到 1.5ms 以后，如果扬声器间的延时继续增加，重放声像会继续在没有延时的扬声器一边。扬声器间的延时达到大约 30ms 时，则会出现回声效果。在声像到达没有延时的扬声器和出现回声效果之前，即延时为 1.5~30ms 的范围是个过渡区域，在该区域内听音人会感到延时扬声器的存在，但感觉听到的声音仍是来自未延时扬声器，回声效果不明显。只有当延时大于 40~50ms 后，人们才会听到清晰的回声效果，这个产生回声效果的阈值，也是第一波阵面定律有效性的上限。图 1-29 整体反映了在两扬声器间引入延时后，不同延时与听觉效果之间的关系。

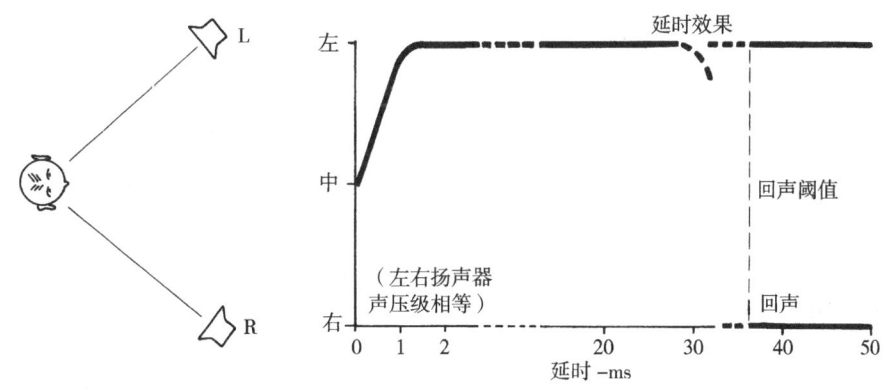

图 1-29 延时效果

2. 利用声级差对声像定位

图 1-30 是人耳利用扬声器间声级差进行定位的实验。该实验仍以语言作为测试信号，但将前述的延时器替换为衰减器，并以此控制馈送到右扬声器的信号幅度，使左右扬声器间形成不同程度的声级差。

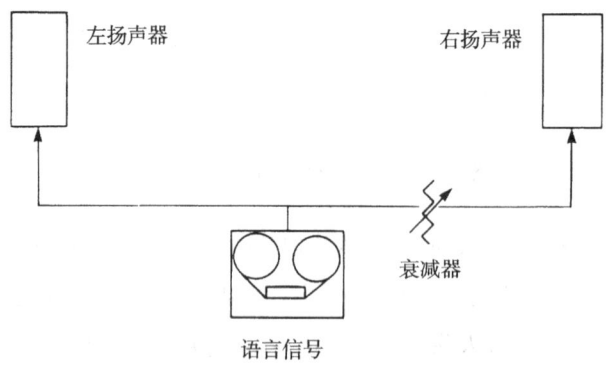

图 1-30 声级差听音实验

在衰减器不对语言信号进行任何衰减的情况下，两扬声器重放的信号完全一样，扬声器间不存在声级差，也没有时间差，听音人会感到重放的声像位于两扬声器连线的中点。如果实验者利用衰减器对馈送到右扬声器的信号进行衰减，两扬声器重放的声音信号将存在声级差。随着衰减量逐渐提高，扬声器间的声级差也将逐渐增大，听音人会感到声像向有较大声压级的扬声器方向偏移，偏移量与声级差的大小有关。图 1-31 说明了两扬声器重放信号的声级差与声像偏移量之间的关系。从图中可以看出，当声级差达到 15~20dB 时，重放的声像将定位在声压级较强的扬声器上。

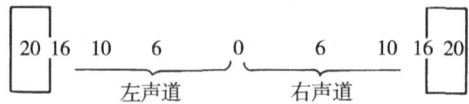

图 1-31 扬声器间声级差和声像定位的大致关系（单位 dB）

锡尔提出的替代理论为双声道立体声的制作与重放奠定了基础，也为之后立体声系统的发展提供了思路。立体声拾音技术正是在扬声器时间差和声级差听音实验的基础上，通过对传声器的选择和设置来拾取具有时间差或声级差，或二者兼而有之的声源信号，再现声源的相对位置和空间感觉的。

三、立体声重放

立体声重放是声源再现的过程，对于录音师而言，它是判断节目质量，采取技术手段进行创作和生产的依据；对于听众而言，它是最终接收到的声音内容与声音形式。在节目制作者和听众之间，重放系统应当尽量采取统一的标准，否则听众将无法收听到制作者期望达到的声音效果。双声道立体声重放系统能够在两只扬声器之间对声源的方位进行定位，但是只有在最佳听音位置上听音，才能保证听到的声像不发生失真。

1. 双声道立体声的最佳听音位置

在双声道立体声的重放系统中，左右扬声器的轴向按照同二者之间的连线成 60° 的角度设置，如图 1-32 所示，最佳听音位置位于轴向的交点 A 处，即以左右扬声器连线为底边的等边三角形的顶点位置。

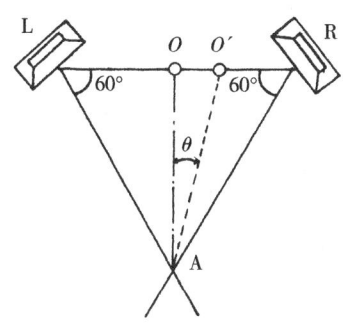
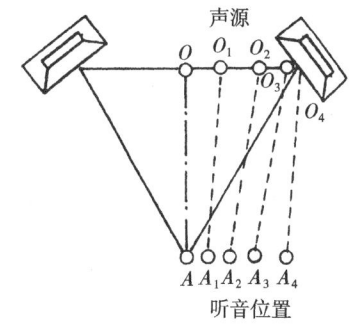

图 1-32 双声道立体声最佳听音位置　　　　图 1-33 听音位置横向偏移时，声像的移动情况

双声道立体声最佳听音位置的意义在于，在最佳位置上听音人能够准确听到声源的相对空间方位，否则将会出现声像定位失真的情况。例如，两只扬声器重放完全相同的声音信号时，听音人在最佳听音位置听到的是既没有声级差，也没有时间差的信号，重放的声像位于两扬声器连线中间的位置。如果偏离最佳位置，如图 1-33 所示，听音位置在三角形顶点 A 右侧的位置，重放的声像将偏离中点，向右侧移动。声像偏离的程度取决于听音人偏离最佳听音位置的程度。显然，离开最佳听音位置后产生定位失真的原因，是两耳接收到的信号间产生了差别。如果重放的声源不是单一的点声源，而是分布在两扬声器间，由不同乐器声部组成的音乐，如图 1-34（a）所示，听音人在最佳听音位置能够听到乐器 a、b、c、d、e 均匀地定位于两扬声器间。此时，如果听音人是在 B 点的位置听音，如图 1-34（b）所示，重放的声像位置将整体向右侧偏离，致使音乐中不同乐器间的位置关系发生畸变。双声道立体声节目的听众在最佳听音位置才能获得近似现场欣赏的感觉，否则只能感知声音的起伏、变化和空间感等，重放的声音信号的现场感和临场感都会受到影响。

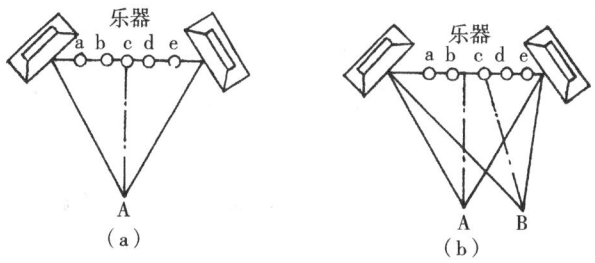

图 1-34 （a）（b）听音位置横向移动时，声像的偏移情况

事实上，当听音人偏离双声道立体声的最佳听音位置时，听音位置到左右扬声器将产生距离差，并由此在听音位置形成相位差，且相位差随频率的不同发生变化。相位差是人耳进行声像定位的主要因素，如果重放的立体声节目包含了准确的立体声信息，听音人在

最佳听音位置就能够再现准确的声像定位。如听音位置偏离额外产生相位差，必将破坏立体声信息的准确性。图 1-35 为左右扬声器间的距离差为 34cm 时，不同频率在偏离的听音位置上产生了相位差。对于由许多频率组成的声音而言，听音人对它的声像定位将随频率的不同发生改变，如图 1-36 所示。如果相位差在 60° 的范围以内，通常形成的声像方位可视作与无相位差时一致，但超过这个角度就会出现声像定位模糊不清的情况。

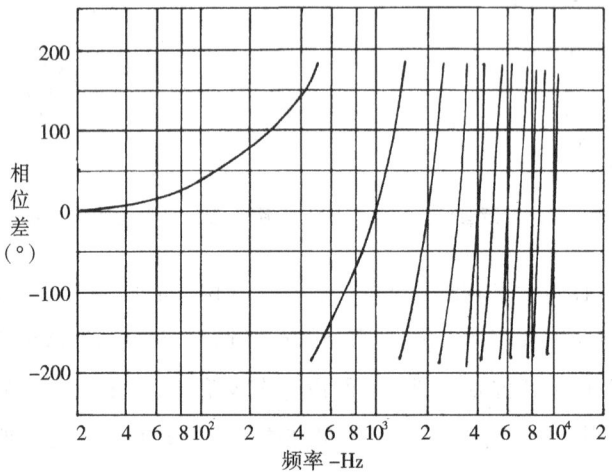

图 1-35 听音点与左右扬声器距离差为 34cm 时所产生的相位差

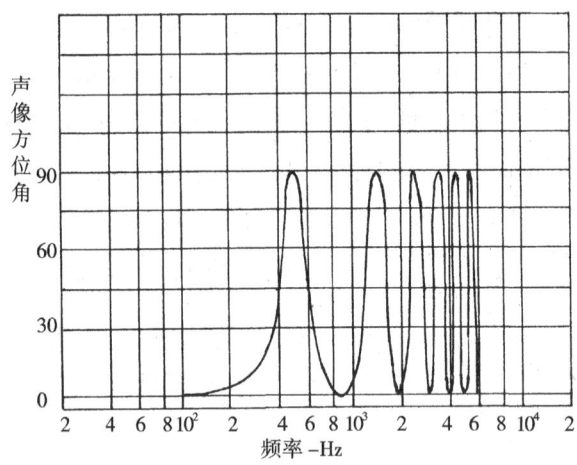

图 1-36 听音点与左右扬声器距离差为 34cm 时声像方位与频率的关系

偏离双声道立体声的最佳听音位置不仅会产生相位差，还将产生不同程度的声级差，并对重放声源的声像定位产生影响。图 1-37 是使用全指向扬声器时在最佳听音位置附近声级差小于 ±1dB 的范围。由图可知，这个范围比较窄，因此从避免声级差的角度考虑，要求听音人尽量位于双声道立体声的最佳听音位置。

双声道立体声能够在前方 60° 的范围内对重放的声源进行声像定位。这是人耳最重要的听觉范围，也是定位能力最强的区域，多数听觉对象都出现在人的前方。但是，要想获得理想的立体声效果，真实再现声源的方位和空间感等要素，听音人必须位于双声道立体声的最佳听音位置。偏离最佳听音位置，不仅重放的声像定位会发生畸变，还会出现声像模糊的现象。有效听音范围太小，是双声道立体声系统存在的主要问题之一。

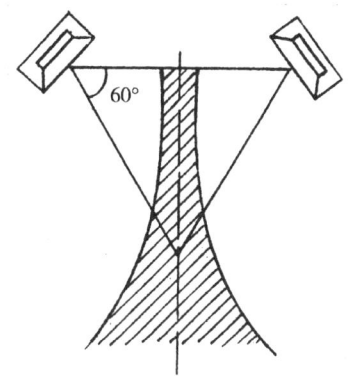

图 1-37 左右扬声器声级差在 ±1dB 以内的分布范围

2. 听音区域的扩大

有效听音区域过小是由双声道立体声系统的自身技术特性决定的，后来的多声道环绕声系统通过增加重放扬声器的数量解决了只有前方能够重放声音的问题，也使最佳的听音范围有所扩大。在双声道立体声系统的基础上进行适当调整的方式，能在某种程度上扩大有效听音区域。虽然这些方式不能从根本上彻底解决问题，但是可以起到缓解的作用，适应有些情况下的实际需求。

（1）利用扬声器的指向性扩大听音区域

双声道立体声系统有效听音区域过小的问题，是由偏离最佳听音位置后在听音位置产生时间差和声级差造成的，显然，减小偏离最佳位置后所产生的差别，是有效解决这个问题的途径之一。声波在空气中以一定的速度传播，距离发生变化必将导致两扬声器重放声音到达听音位置产生时间差，所以从时间差的角度上解决问题存在很大困难。通过技术手段，扬声器可以具有一定的指向性，而且指向性与距离成正比关系，所以利用扬声器的指向性来解决声级差的问题相对容易实现。

如图 1-38 的双声道立体声重放系统，设偏离的听音位置为 P，左右扬声器到 P 点的距离分别为 R_L 和 R_R，扬声器主轴方向与扬声器到听音位置 P 点形成的夹角分别为 θ_L 和 θ_R，扬声器的指向性分别为 $D(\theta_L)$ 和 $D(\theta_R)$。声压与距离成反比，与扬声器的指向性成正比。所以，如果需要左右扬声器重放的声音在听音位置 P 点的声级差为零，应满足条件如下：

$$\frac{D(\theta_L)}{R_L} = \frac{D(\theta_R)}{R_R}$$

以上公式在听音位置到扬声器的距离与扬声器指向性之间建立了相关性，证明了通过扬声器指向性补偿声级差的可行性。图1-39设两扬声器主轴的交点为A，由A点到各扬声器的距离为r。如果以A为中心，以r为半径的圆周上有一点P，由P点到各扬声器的距离分别为R_L和R_R，则：

$$R_L = 2rCos\theta_L$$

$$R_R = 2rCos\theta_R$$

因此

$$\frac{R_L}{R_R} = \frac{Cos\theta_L}{Cos\theta_R}$$

根据以上公式可知，要实现左右扬声器重放的声音在听音位置P点的声级差为零，可使扬声器的指向性具有余弦特性。通常，声音信号的低频段不需要太强的方向感，可以常规使用无指向性的扬声器。中频段的声音信号具有较强的方向感，可以用口径为16~20cm以下的扬声器加小障板，使之成双指向性，即余弦的指向特性。由于高频段具有比余弦还要尖锐的指向性，所以实际上能满足上式条件的频率范围是有限的，利用扬声器指向性扩大有效听音区域的方式具有局限性。

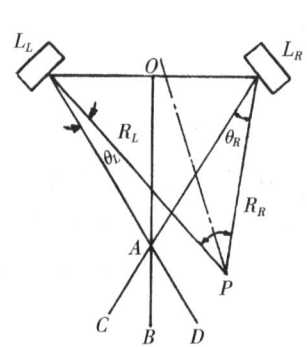

图1-38 求左右扬声器所发声音在P点的声压级为零的条件说明图

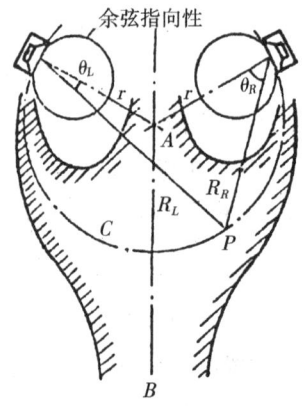

图1-39 左右扬声器均为余弦形指向性扬声器时，声级差在1dB以内的分布范围

（2）利用反射板改变听音范围

利用声音反射来改变有效听音范围是较为简便的方法。图1-40是利用反射板使扬声器的有效间隔增大，从而改变听音范围的示意图。图1-41是扬声器间隔过大时，利用与扬声器纸盆侧面相平行的反射板，缩小有效听音范围的示意图。反射声被集中到比较小的区域，在该范围内听音人能够获得相对较好的立体声效果。

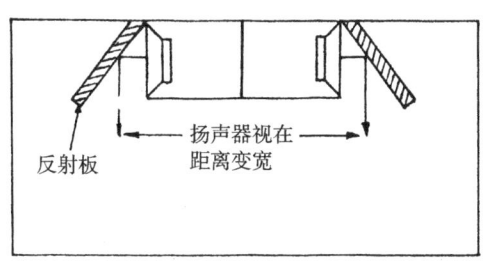 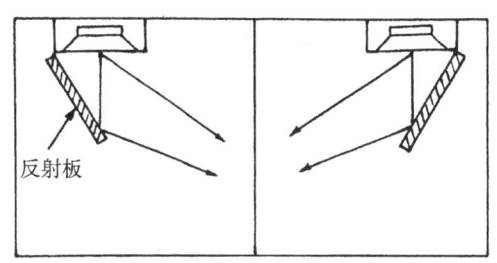

图 1-40 利用反射板扩大听音范围的方法　　图 1-41 利用反射板缩小听音范围的方法

四、立体声听音房间

室内的声学特性对人耳听觉有重要影响，决定了重放立体声的实际效果。为了避免出现过多的反射声，减少房间反射对声像定位的干扰，立体声重放的室内混响时间不应太长，一般以 0.5s 为宜。在室内声学装修已经确定的情况下，要想减少反射声可采用安装窗帘或幕布的简便方法，尤其在靠近扬声器的区域更应注意避免出现过多的反射声。另外需要尽量避免的是正对扬声器的反射面。通常，扬声器还不能放在地面或墙角，否则由于反射，将会出现低频过重以及高频传播受损的现象。一般情况下，为了达到较好的立体声效果，立体声重放的房间面积应不小于 $12m^2$，两扬声器之间的距离可以设置为 1~2m 左右，并且扬声器的高音单元应与听音人的耳朵在同一水平面上，否则重放的高频信号会受到损失。

第二章

拾音技术基础

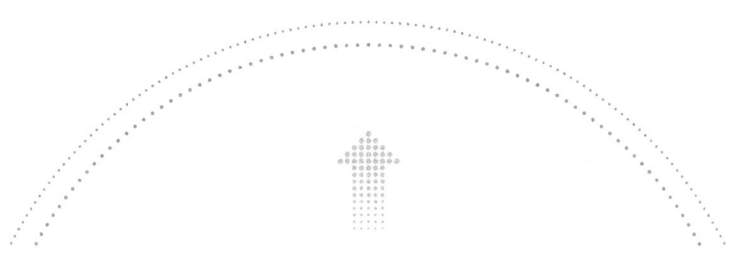
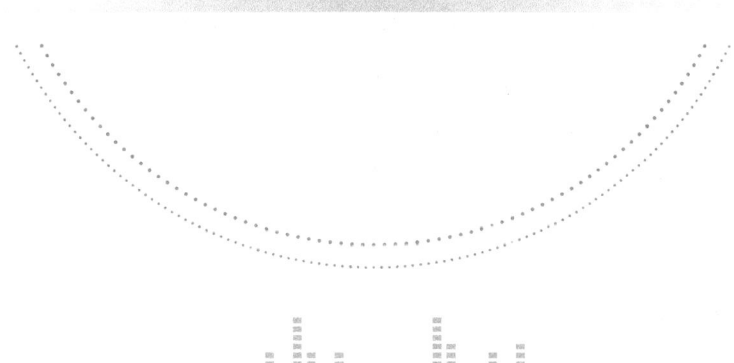

声音以空气振动的形式在空气中传播。拾音技术的主要目的是采集声波的振动,并将波动予以转换。传声器出现以前,采集声音的工具是兼顾重放的号筒。它把声音的能量聚集,把声能转换为机械能推动刻针。传声器出现以后,声能从转换成机械能变为转换为电能,也开启了现代拾音技术发展的序幕。拾音技术偏向于应用型技术,对传声器技术和性能的了解与掌握,是学习和开发拾音技术的基础。然而,拾音又是节目声音制作和生产的一个环节,不能脱离这个过程单独存在。采用何种拾音技术,如何设置传声器,都要服从于具体的制作工艺,以及相应的艺术形态。不同的制作工艺要求使用不同的录音方法,不同的录音方法采用的拾音方法也不一样。

第一节　基本录音方法

在录音技术发展的初期,录音的形式相对单一,录音设备也比较简单。随着电声技术的发展,特别是多声道录音机、多轨调音台、数字声频和数字信号处理等技术的逐渐成熟和应用,录音的工艺和方法也日趋多样。但从基本的录音工艺进行分类,目前经常采用的录音方法主要有两类:同期录音和分期录音。同期录音是最早应用的录音方法,它要求音乐中各声部的乐器和人同时进行演奏和演唱;分期录音是随着多轨技术发展起来的录音方法,特点是先分别录制各个声部或各件乐器的声音,然后再按要求把所有的声音混合在一起。此外,按声音记录的形式,录音方法也可以分成直接合成和多声道录音两种。直接合成的方法是在拾音的同时,把拾取的声音直接合成为最终的节目形式。多声道录音是采用多只传声器进行拾音,然后再把拾取的各通路信号进行合成。显然,两种分类方法之间存在着交叉,同期录音既可以采用直接合成的方法,也可以采用多声道录音的方法,但分期录音只能采用多声道录音的方法。

一、同期录音方法

根据声源和录音现场的情况,同期录音可分为相同空间内的同期录音和不同空间内的同期录音。不同空间内的同期录音多是因为现场音乐存在声部不平衡的问题,为了防止声音之间的串扰而采取的办法。不论是在相同空间内,还是在不同的空间内,同期录音都要求音乐的各声部同时演奏,同时用传声器进行拾音。这样演奏方式更符合演奏员表演的习惯,便于演奏员之间,或者演奏员和指挥之间的合作与交流,特别是有利于演奏员对音乐的整体把握和音乐情感的表达。例如,有些抒情和情感表达比较强烈的段落,演奏员演奏的速度和力度很大程度上会受到当时演奏气氛的影响。有些表现音乐层次与和声关系的段落,需要演奏员在演奏的同时,相互聆听,相互控制和把握。有些乐段或乐句过渡和衔接较为细腻，需要演奏员之间相互感受才能表现出应有的音乐性。至于指挥对音乐的理解和处理，更是需要和所有演奏员交流。正是基于上述的音乐艺术演绎的特点，很多音乐艺术形式仍然采用看似较为古老的同期录音方式。

多数情况下，同期录音是在相同的空间内，由所有演奏员同时演奏完成的。在相同的空间内进行的同期录音，录音过程中演奏员基本保持日常排练和演出时的情形，甚至演奏员之间的位置和距离等也基本不变，演奏员之间的交流和演奏员们的演奏状态更为自然。从实际的录音效果来看，重放的声音效果上有更好的融合度。这主要表现在两个方面：一方面，在指挥或主要演奏员的带领下，各声部的平衡、音色和音准等方面处理得更好，演奏的音乐本身具有较好的音乐融合度；另一方面，演奏员演奏的所有声部都处于相同的空间，各声部的音响具有相同的空间声学特性，共同演奏的音乐具有较好的空间融合度。如果拾音技术运用合理，重放的声音效果能够具有统一的空间感觉。所有演奏员在相同的空间内进行演奏，避免了单独处理个别声部乐器的反射声和混响声，以及在整个乐队中的纵深感，能够获得较为理想的空间感。在单独空间内的声部乐器还要人工进行声像定位，将其具体的位置定位到乐队演出时的位置。比较而言，在相同空间内，传声器拾取声源的立体声信息，将能获得更加自然的声像定位效果。相同空间内录音师可以采用双声道立体声同期录音，也可以采用多声道同期录音的方式。

双声道立体声的同期录音是指在传声器拾音的过程中，录音师对各声部乐器的声音进行简单处理，甚至是用主传声器直接完成立体声节目的录制。它适用于录制古典音乐这种音乐艺术形式，如交响乐、室内乐和协奏曲等，以及速度和力度变化较多的各种独唱、独奏、重唱、重奏等，也适用于录制民族乐曲、民歌、戏曲和曲艺、歌剧、合唱等。不过，双声道立体声同期录音方式对乐队本身有较高的要求。在舞台或录音现场，乐队本身应具有一定的音响演绎能力，包括各声部乐器之间的音量平衡和音色平衡，以及乐队对音乐作品本身的完成程度，这些方面的问题多数不能通过录音技术予以解决。录音技术解决的主要是利用厅堂内良好的声学特性，或者是弥补厅堂内的声学欠缺，通过合理设置传声器对重放音乐的空间感、纵深感、清晰度等音响方面的问题进行处理。在音乐和音响本身较为成熟，乐队演绎较为完美的情况下，双声道立体声同期录音能够保持文艺节目本身的自然演绎，速度、力度和节奏等方面的变化和对比更忠实于指挥和演奏员等对艺术作品的细微处理。此外，双声道立体声同期录音不需要后期制作，音乐的平衡和空间感等一次性混合完成，节省了录音时间。

双声道立体声同期录音的最大优势，也是这种录音方式存在局限性的主要原因。由于是一次性完成最终的节目录制，录音师拥有较少的调整时间和调整空间，无法充分利用技术上的优势完善艺术上的演绎。任何乐队和歌唱家都不可能保证每次演出都能准确无误，都能较好地表达出音乐所具有的情感。如果乐队本身的演奏存在问题，或者个别声部存在瑕疵，录音师在短时间内很难调整到完美效果。如对各声部乐器的音质和音色等的处理，录音师无法利用后期精雕细琢，只能靠演奏员们合作的默契、演奏员对作品的理解以及其自身的技术水平来保证作品的艺术质量；各声部乐器间的平衡关系和声像定位，以及整个乐队的宽度和纵深层次处理等，录制完成后也基本没有修改的可能；所有演奏员和演唱者集中在一起同时表演的情况下，演奏员的精神状态以及演唱者的嗓音情况都要保持良好，否则一件乐器出现演奏不到位或是一位歌手演唱没有到位，就需要所有人重新表演。因此对节目录制工作者而言，双声道立体声同期录音的方式难度较高。它要求节目录制工作者在规定的时间里，同时满足艺术上和声音质量上等多方面的要求。

因为这种录音方式存在的不足，录制人员在实际的节目制作中经常采用"剪接"技术来弥补，让最终呈现的节目声音尽可能完美，同时，也能节省演奏员或歌唱人员的时间，保持他们的精力，缩短录音工作的周期，让演奏员、歌唱人员和录制人员都以最佳的状态完成录制工作。对歌唱音乐，录制人员有时也采用乐队和演唱分期录制的方法，分别保证双方的状态，节省双方的录制时间。

随着录音技术的发展，特别是数字声频技术的发展，人们对声音信号的处理能力和处理空间逐渐提升。为了充分发挥技术上的特点，保持同期录音的优势，录音师开始在相同的空间内利用多声道录音技术进行同期的多声道录音。这种录音方式在不进行声隔离或稍作隔离的情况下，能够录制多种艺术形式的节目，包括交响乐、合唱、歌剧、戏曲等。多声道同期录音是将主传声器拾取的声音信号和各声部乐器的辅助传声器拾取的声音信号分别录制到多轨录音机上，然后通过后期制作完成整个立体声节目的混合工作。这种录音方式具有一定的后期加工和调整余地，更重要的是能让音乐家和录制人员共同参与到节目制作中。通过重放录制在不同声轨上的各声部乐器，后期制作环节可以对声部间的平衡、动态、声像和层次等进行细致调整与处理，完全不受乐队和时间的限制，音乐家也能充分发挥自身的优势。首先，音乐家对音乐作品更加熟悉，不仅更能把握音乐的整体风格，也更能了解音乐作品中的细致变化。其次，音乐家更了解乐队本身的优势和不足，更清楚录制过程存在的问题。最后，音乐家对音乐作品的个性和独特的演绎最清晰透彻。正因如此，音乐家参与到后期制作中，能对后期制作提出更中肯的见解，更能发挥音乐家和录制人员各自的优势，完善最终的音乐效果。相比于双声道立体声的同期录音方法，多声道同期录音在后期制作方面具有一定的优越性，但是，在相同的空间内拾音不能完全避免各声道之间的信号串扰，所以，录制人员对个别声部乐器的补偿和处理就需谨慎，不能轻易改变原有的声像定位，不能对个别声部乐器的电平和频率等进行大幅度补偿，否则将会对其他声部产生明显影响，致使整个音响效果恶化。

运用多声道录音工艺将音乐声部安排到不同空间内进行同期录音，这种方法可以提高各声部信号间的隔离度，便于录制人员单独对各路信号进行加工处理，即使对个别信号做较大幅度处理也不会影响其他信号，某种程度上提高了节目声音的制作性，为后期制作提供了较大空间。但不同空间内拾取的声音信号具有不同的空间特征，虽然后期制作可以对重放声音的空间感进行调整，但非常容易出现多重空间的问题，导致各声部之间融合性变差，影响音乐的整体感。

二、分期录音方法

分期录音采用多声道录音技术，伴随着多声道录音机和多轨调音台技术的进步逐渐发展起来，数字声频技术和音频工作站等性能和能力的提高突显了分期录音的优越性。

分期录音将节目制作过程分为前期和后期两个部分。前期工作的主要任务是把各声部乐器或乐器组分别录制到不同的声轨上。通常按照乐器的类型不同，录制人员首先录制基础的节奏乐器，然后录制有固定音高的乐器，不过也可以根据实际情况，或个人习惯依次录制乐器。在录制过程中，表演者通过耳机返送监听自己的演奏或演唱，同时监听已经录制好的素材。各声部按照上述方式依次录制完所有的素材，完成整个节目的前期制作工作。

参与分期录音的各声部乐器或乐器组不与其他声部一起演奏，而是单独演奏并分别录制到不同的声轨上，各声部的声音信号间不存在任何串扰问题。每件乐器和人声可以分别录制多次，表演者从中挑选完成较好的一次表演，或者从几次表演中分别选择最为满意的部分拼接成完整的演奏或演唱，还能在演奏或演唱的过程中对失误的地方进行修改，直到满意为止。前期录制的灵活性不但能够保证不同声部的演奏或演唱不出现任何失误，接近或者达到完美的程度，还可以让演奏技术出众、表现力好的演奏员分别演奏几种乐器，或者用相同的乐器演奏不同的声部，从而保证每个声部的演奏水平。随着互联网技术和数字音频传输等技术的发展，分期录音已经实现了在不同的录音棚录制不同声部乐器或演唱的可能，甚至一部作品能够由不同国家的艺术家、在不同的录音棚里合作完成。

一般情况下，分期录音方法在前期拾音过程中，除非是非常有把握，制作者不会对拾取的声音信号进行任何处理，只是把传声器拾取的原始声音信号记录下来，否则，一旦前期处理不妥当，后期制作很难恢复。如果在处理不当的基础上，制作者继续对声音信号进行处理，容易造成过度处理，产生新的问题。前期制作的主要任务是合理设置拾取声音信号的传声器，在音准、节奏和音乐表现等方面把握质量。

分期录音的后期制作主要包括三个方面：一是对各声部乐器单独进行调整和处理；二是对不同声部乐器之间的关系进行处理；三是对各声部乐器的整体进行调整。对于各声部乐器的声音信号，如果前期录制存在不足的地方，或是演奏者自身条件有限，或是音乐风格等方面有特殊要求，录制人员都可以利用均衡和压缩等技术手段对乐器的音质、音色和音准等方面进行调整，直到达到比较理想的状态。不同声部乐器之间的平衡、演唱与伴奏之间的比例和各声部乐器的声像定位和定位关系，以及不同声部乐器之间的纵深关系等，都可以在后期制作过程中进行设置和处理。音乐的总体动态、电平和空间感等，也能在后期制作中进行整体平衡。此外，通过相应的处理手段，录制人员能用加倍的办法增加演奏者的数量，满足总体音乐平衡或音乐表现的要求。

总之，多声道分期录音的最大优点就是将复杂的录制程序和要求分成两段来完成，可以进行后期加工和制作。后期制作有充足的时间让制作者在声音艺术上进行再度创作。数字声频和数字音频工作站的发展，为制作者提供了更加有力的工具，为艺术创作提供了更多的可能。通过声波的可视化，声音剪辑能够更加精准；通过各种自动化和信号处理，声音创作被赋予了无限可能。对某个具体的音乐作品，制作者可以设计多种处理方案，混合出多种风格和不同特点的音乐，通过比较选择出更为理想的作品。多声道分期录音制作和创作上的诸多优势，都是同期录音方式无法实现的。

不过，录音工艺上的最大优势也恰恰是多声道分期录音的最大问题所在。它将原本作为整体的音乐生硬地割裂成相对独立的一个个声部、一件件乐器。各声部乐器都是单独录制，声部之间失去了相互配合、相互协调，音乐的整体感和融合性很难令人满意。所有的演奏和演唱都在统一的节奏下完成，节奏相对死板和单一，使音乐缺乏艺术上的细微处理和感染力。所以这种方法并不适合那些节奏、速度和力度等变化较多的艺术作品和大型艺术形式，如管弦乐、合唱、歌剧和戏曲等。这种录音方式主要应用于通俗流行音乐和轻音乐等现代音乐作品的制作中，或者是娱乐性较强的内容生产中。此外，由于后期制作时需要涉及对声音信号的多方面处理和加工，所以制作人需要使用的周边设备也相对较多、较复杂。

第二节　基本拾音方法

拾音技术本身主要是现代科技发展的产物，但技术开发的目的和技术服务的对象，决定了技术自身和技术应用都渗透着艺术的考量。拾音技术是表现音乐和声音艺术的手段，每次技术上的进步和发展都为艺术家思想上的表达和艺术上的创作开辟了新的方向、提供了新的可能。同期录音的方式适应了传统艺术保留艺术内涵的要求，多声道分期录音的方式满足了现代艺术创新和表达的需求。不同的录音工艺的诞生和应用是艺术的要求，也是艺术的选择，不同工艺下的具体拾音方法应服从于拾取的艺术对象。当前常用的同期录音和分期录音主要采取三种拾音方法：单点拾音法、主传声器拾音法和多传声器拾音法。录制人员根据实际情况合理运用技术，选择适当方法，才能保证理想的艺术效果。

一、单点拾音法

单点拾音法是指用一只传声器拾取各声部乐器和人声的方法。如果采用立体声录音，就应使用立体声传声器。这种拾音方式对录制人员的整体素质和传声器设置都有比较高的要求。录制人员应有较高的音乐素养，对不同类型和不同风格音乐作品以及演奏和演唱等具备较高的鉴赏能力和判断能力，才能确立正确的、符合艺术要求的音响观念和音响标准。在此基础上，录制人员还应具备丰富的室内声学和电声学的相关知识，能够充分发挥录音现场的声学优势，尽量避免室内声学存在的不足，通过厅堂的反射声和混响声，进一步提高指挥家、演奏家和演唱家的艺术表现力。这些都是录制人员采用单点拾音方法应当具备的基本能力。

单点拾音方法要求使用一只传声器拾取最终节目内容的所有声音信息，这对传声器的设置有比较高的要求。总体上，它需要兼顾拾取的声源辐射的声音、厅堂的反射声和混响声，即兼顾这些声音之间的平衡，既要保证各声部乐器的清晰度、各声部之间的平衡和总体的融合感，又要保证有理想的空间感。单点拾音只能用于相同空间内的同期录音，适合录制乐队本身编配比较平衡、演奏形式相对固定的传统音乐。立体声传声器的选择需要考虑传声器的指向性、传声器间距、轴向夹角和相对于水平面的角度等，以便满足具有不同声音类型的节目。立体声传声器的设置需要考虑传声器相对于声源的位置，包括远近和高度。在厅堂有较好声学条件的情况下，如果传声器设置合理，单点拾音的方法可以取得自然的层次感与纵深感，能在重放的清晰度和空间感之间做到很好的平衡。为了达到理想的录音效果，采用单点拾音方法的传声器在设置上应掌握好以下三方面原则。

首先，立体声传声器相对于声源本身的原则。传声器应设置在具有平衡的自然声音的位置。为了取得这个平衡点，需要考虑两方面的情况：一方面是在布置乐队各声部乐器位置的时候，就应考虑到产生平衡的声音。一般情况下，这种平衡包括左右声像的平衡、乐队纵深方向的平衡，以及高频和低频乐器的平衡等。如通常铜管乐器和打击乐器的位置适当后调就是对乐队纵深的考虑；高音乐器或低音乐器的位置左右调整就是为了避免高音或低音乐器集中在一侧。另一方面，要考虑传声器相对于乐队的平衡位置。如录制人员通过调整传声器在水平方向上的位置去调节重放的左右声像的平衡关系，通过调整传声器的位置高度和轴向角度去改变乐队的纵深平衡。

其次，立体声传声器的位置相对于声源和声场的原则。传声器应设置在声场中直达声和混响声比例合适的位置。对于利用厅堂自然混响录音的场合，这个原则尤为重要。传声器的位置决定了音乐重放后各声部乐器之间的融合程度，决定了乐队重放的空间感以及演奏乐器的音色特征和重放声像的清晰度等。通常这个比例是以厅堂的混响半径为参考点，通过改变传声器与乐队之间的距离来调节。厅堂的混响半径、所选传声器的指向性和音乐艺术要求的空间特征，决定了传声器与乐队的距离。

最后，立体声传声器相对于重放声像的原则。立体声传声器的有效拾音角应当与乐队的实际宽度相匹配。这里存在两种情况：一种情况是录制人员在录制类似于交响乐等编制和规模较大的乐队演奏时，通常要保证重放的乐队声像充分定位在两扬声器之间。如果传声器的有效拾音角比较宽，或者立体声传声器设置的位置距离乐队比较远，就会出现立体声声像较窄，难以表现出乐队的规模和气势，难以充分表达音乐具有的内涵等问题，反之，则容易出现声像过于集中于两边的扬声器附近而中间空洞的现象。另一种情况是录制类似于室内乐等规模较小的乐队演奏时，一般不会将乐队充分地分布在扬声器之间，此时要根据实际需要的声像宽度设置立体声传声器的有效拾音角。

上述采用单点拾音方法时设置传声器的原则并非相对独立，而是相互影响、相互作用的关系。针对某个问题调整传声器，将直接影响到其他方面。所以传声器设置应当是一个反复调整、反复比较重放效果、逐渐接近传声器最佳设置的过程。

二、主传声器拾音法

主传声器拾音法是在单点拾音法基础上改进的拾音方法。一方面技术进步为这种拾音方法的出现提供了必要条件；另一方面是因为原有的方法已经不能很好地解决问题，在很多情况下，由于乐队或者厅堂声学条件的原因，录制人员只用一只立体声传声器去拾取整个乐队的声音难以获得很好的平衡。主传声器拾音法是在保留对乐队单点拾音的前提下，对需要加强的声音信号增设辅助传声器，并用拾取的声音信号补充主传声器拾音存在的不足的拾音方法。一般来讲，设置辅助传声器都有具体的目的，通常有以下五个目的。

（1）在功率比较弱的乐器前设置辅助传声器。如管弦乐队中的竖琴和木管等乐器的音量较弱，相对于主传声器的位置较远。为它们单独增设辅助传声器，有助于弥补主传声器对其拾取不足的缺陷，从而保证整个乐队的平衡。

（2）在低音乐器前设置辅助传声器。低音乐器是整个音乐展开的基础，单独增设辅助传声器可有效提高重放声像的平衡和稳定，可以对音乐起到很好的支撑作用。

（3）对定音鼓等打击乐器增设辅助传声器。通常打击乐器设置在乐队的后方，是距离主传声器最远的乐器组。单独为打击乐增设辅助传声器，能够加强打击乐特有的瞬态表现力和冲击感，提高打击乐清晰度，增强整个音乐表现的力度和气势。

（4）对弦乐组增设辅助传声器。弦乐组在音乐中担负着主要的旋律任务，是音乐表现最重要的声部之一。为弦乐组单独增设传声器，可以加强弦乐的音量，提高弦乐的丰满度和演奏细节，增强音乐的感染力。

（5）在乐队的两侧增放辅助传声器。由于指向性的传声器都会在高频段呈现出相对更强的指向性，以及人耳对两侧声源的分辨力等原因，在乐队规模比较大、横向比较宽的情况下，容易出现两侧重放声音相对较弱的情况。在乐队的两侧增设辅助传声器，可提高两侧乐器信号的清晰度，并保证两侧的乐器能够有充分的声像定位。

需要注意的是，主传声器拾音法是在单点拾音法的基础上增设辅助传声器，运用这种拾音法必须明确主传声器和辅助传声器之间的设置原则和关系。在整个节目声音信号中，主传声器拾取的信号应始终占据主导地位，辅助传声器的作用是加强和补充不足的乐器信号，加强和补充的信号不能超过主传声器拾取的声音。增设辅助传声器应本着越少越好的原则。能通过设置主传声器解决的问题应尽可能避免增设辅助传声器解决，否则太多的辅助传声器将影响最终的声音效果。具体而言，增设辅助传声器需注意以下三点原则。

（1）主传声器的电平要大于辅助传声器的电平，以确保主传声器的主导地位。具体调整辅助传声器电平时，录制人员可在只有主传声器信号的情况下，逐渐增加辅助传声器信号的混合量，直到达到使用辅助传声器的目的。辅助传声器的电平处理得当，录制的声音可保有单点拾音法的优点，同时得到更加清晰和稳定的声像与音色。

（2）在传声器的选择方面，主传声器应具有良好的灵敏度、频率响应和动态特性。辅助传声器采取近距离拾音的方式，拾取信号的直达声与混响声的比例较大，通常应选用灵敏度较低、具有指向性的传声器，以避免拾取过多的串扰信号。

（3）主传声器的设置和单点拾音法立体声传声器的设置方法相同。辅助传声器的设置原则是应避免不同传声器之间拾音范围重合过多，否则会影响到辅助传声器的独立性。辅助传声器拾取的信号的声像要服从主传声器建立的声像定位，两个信号的声像定位应完全重合，否则不仅达不到增强的目的，还会使声音变得更加模糊不清。

主传声器拾音法保留了单点拾音法的优点，具有自然的空间感和纵深感，同时能够获得较为和谐的整体感。辅助传声器的使用提高了各声部乐器的声像定位效果，使乐器的音色和清晰度得到很大改善。目前，主传声器拾音法是应用较为广泛的拾音方法，它的技术特点和技术优势得到了广泛认可，但是，在具体的录音实践中，也出现了不重视主传声器设置的现象。单点拾音方法中主传声器设置，决定了最终重放的音响效果，因此在使用这种拾音法时，人们普遍重视主传声器的设置，经常花费大量时间调整主传声器。主传声器拾音法增加了辅助传声器，也为录制人员提供了额外的工具，但如果因此忽视主传声器设置，在重放效果不理想的情况下过度地利用辅助传声器来调整录音，极易出现既达不到理想效果，也失去了单点传声器拾音优势的问题。所以，在采用主传声器拾音方法时，应像使用单点拾音法那样先追求主传声器的拾音效果，才能真正发挥出增设辅助传声器的作用。

三、多传声器拾音法

多传声器拾音法利用多只传声器分别拾取音乐中的各声部乐器，分别对拾取的声音信号进行加工处理，并合成最终的声音节目信号。这种方法具有较强的制作性，能够根据最终需求充分发挥制作者的创造力和想象力进行节目制作。某些配器不理想、本身平衡不好的音乐，尤其是结合了电子音乐的现代音乐作品，比较适合采用这种拾音方法。按拾音时演奏空间的设置不同，多传声器拾音法可以分为全封闭的多传声器拾音法、半封闭的多传声器拾音法和不封闭的多传声器拾音法三种类型，具体有以下特点。

（1）全封闭的多传声器拾音法，将各声部的乐器分别封闭在不同的隔音房间，或是将各声部的乐器在同一房间内分别录制，使传声器拾取的声音信号之间基本没有串音，录音师可以对不同的声音信号进行独立加工处理，并根据实际需要将所有声音信号混合成相同空间内的音响效果。

（2）半封闭的多传声器拾音法只对部分音量较大的声源做隔离处理。这种方式允许不同的传声器之间存在一定的串音干扰，声音信号之间的独立性不如全封闭形式，对各声音信号处理的灵活性较差。但是，这种拾音方法主要采用具有较强指向性的传声器，以近距离拾音方式拾取各声部的声音，经适当处理后合为最终的节目形式，对录音场地的要求较低。

（3）不封闭的多传声器拾音法对各声部乐器不加任何隔离措施。这种拾音方法通过设置传声器的灵敏度、指向性、拾音距离和拾音角度拾取相应的声音，尽量防止来自其他声源的串扰信号。不封闭方式的拾音传声器之间存在较大的串扰，为了保证不同拾音传声器之间具有一定独立性，保证有足够的制作余地，拾取声音信号应满足两个条件。第一，提升或衰减本通路的声音信号，要不影响其他通路的信号在整个节目中的作用。第二，改变本通路信号的声像位置，要不影响其他通路信号的声像位置。为了满足这两个基本条件，提高节目声音的制作性，不仅需要制作人通过传声器设置提高各通路信号的相对独立性，还要求制作人在安排各声部乐器的演奏和拾音现场时，各声部的乐器之间应保持一定距离，尽量减少传声器拾取到附近乐器的声音。同时，在拾音现场各声部乐器的位置应与重放的声像定位保持一致，确保最终能够获得清晰的声像定位。

单点拾音法、主传声器拾音法和多传声器拾音法是三种基本的拾音方式，但在实际的应用中并不一定拘泥于某种特定的方式。通常，制作人可以根据具体的实际情况，有针对性和目地性地选择拾音方式，充分发挥它们各自的特点，甚至采取混合使用的方式来拾取声音信号，为制作出精良的声音作品奠定基础。

第三节　传声器的应用技术

选择适当的录音方法与拾音方法，是保持声音艺术传统和风格、保障节目录音质量的前提。但制作人员最终需要面对的，是在声源面前如何设置传声器的问题，即如何用传声器拾取到理想的声音信号。传声器拾取的声音信号是节目声音进一步加工处理的原始素材，甚至直接成为最终的节目内容。在整个节目声音制作的环节中，拾音是最初的环节，也是最重要的环节，拾音工作的成败直接决定了最终的节目品质。

传声器的应用技术具有重要意义，对它的了解和掌握不应停留在理论的层面，更应在大量的实践和总结中不断积累。在技术理论层面，它涉及传声器的类型、工作原理和传声器的性能指标等，这些是正确和合理应用传声器的基础知识。在实践应用方面，传声器的应用技术涉及传声器的选择、指向性的选择和相对于声源如何设置传声器等问题。解决这些问题有客观的技术规律可循，制作人员的经验积累也往往起到决定性作用。本节不对传声器技术和技术的应用做全面介绍，主要是在一定知识的基础上，对设置传声器时需要考虑的三个主要问题进行讨论。

一、声源特性对传声器设置的影响

传声器应用技术的复杂性在于，它不仅要考虑传声器本身的技术因素，还要考虑传声器拾取的声源对象。声源对象不仅是客观的物理振动现象，还是主观的艺术形式。传声器拾取声源振动信号，看起来非常类似于人耳听音的过程，只不过传声器代替了人的双耳。不过两者之间存在着本质的差别：人耳听觉是更为复杂的系统，听音过程不仅包含物理作用，还要受到生理和心理因素影响；传声器拾音是声能转换，拾音过程和拾取的声音信号中只包含物理因素。录音师在设置传声器时需要考虑对主观听觉产生影响的声源的主要特性，它们包括：声源的频率范围、声源的辐射特性、声源的动态范围、声源的机械噪声。

1. 声源的频率范围

各类乐器是相对复杂的声源，它们的频谱成分一般由基音和泛音组成。在特定乐器演奏的声音中，基音决定了演奏的音高，泛音决定了不同乐器间音色的差异。通常情况下，泛音序列的幅度由低频到高频逐渐呈线性衰减，基音与泛音的频率为倍数关系，但是也有例外的情况，如打击乐的泛音就分布不规则。乐器的频谱成分与演奏的强弱变化有密切关系。当演奏音量较小时，频谱中的泛音成分相对较少，随着演奏的强度逐渐增大，频谱中泛音的数量将成倍增加。例如，弦乐频谱中的泛音成分可以达到人耳的听觉上限，甚至在演奏中能超过20kHz，这也是弦乐音色明亮悦耳的重要原因。部分打击乐的泛音也能达到很高的频率，正是这些泛音的存在才使乐器的演奏体现出冲击感。

乐器演奏在频谱成分上体现出的这些特点，要求传声器的频率响应符合两个基本条件。首先，传声器具有较高的频率上限，有较宽的频谱范围。较宽的频谱范围可以确保传声器能够拾取到乐器演奏的基音和全部的泛音部分，尤其在传声器拾取高音乐器的声音信号时，传声器的频响上限至少要达到20kHz。电容传声器具有较宽的频率响应，通常能覆盖整个人耳听觉的范围，是各类乐器首选的传声器类型。其次，传声器的频率响应要尽可能平直。频率响应平直是为了确保拾取的声音信号能够忠实反映乐器演奏的频谱结构，这也是衡量传声器品质的重要指标。传声器的频响起伏过大会影响到演奏的基音和泛音之间的相对关系，使重放的乐器音色出现失真问题。

无论是传声器，还是作为拾音对象的各类乐器，在高频段都要呈现出较强的指向性，这点在确定传声器和乐器的相对位置时应予以充分考虑。从另外一个角度来看，这点也是利用传声器设置调整乐器音色的重要原因。用传声器设置调整乐器音色主要从两方面入手，一方面，可以通过调整传声器轴向相对于乐器的角度，来调整拾音信号中高频段相对于其他频段的比例。另一方面，在使用一只传声器同时拾取多件乐器的时候，可以调整乐器相对于传声器轴向的角度，在不影响其他乐器的情况下，改善拾取的乐器音色。另外，很多情况下，制作人员会用调音台上的均衡器，或者是专门配备的均衡器周边设备来调整音色，不过用均衡器对声音信号进行均衡处理，往往会在信号中增加额外的相位失真。传声器永远是最好的均衡器，因为利用传声器来调整拾取的信号的音色不会增加额外的失真。原则上，只有传声器调整难以达到需求的时候，制作人员才考虑使用均衡器。

在低频范围，一般乐器的低频下限不会低于60Hz，只有个别的低音乐器例外，如管风琴等的频率下限能够达到16Hz。各种类型的传声器，无论其标出的指向性如何，在非常低的频段上都会接近于全指向形，向各个方向辐射声波。因此在演播室或录音棚中采用多只传声器拾音时，低频串扰是经常出现的问题。为了防止多传声器拾音时出现的串扰问题，录音现场经常采用隔声屏来防止传声器间的串扰，但是这种措施仅能隔离中高频的声波，对于低频段的声波基本不起作用。传声器间的低频串扰比较严重时，制作人员只能考虑在传声器或调音台上做适当的均衡处理。

常用的电声设备，如传声器、声频处理设备和扬声器等的低频下限相对有限，即使声源有能够到达人耳听觉范围以下更低的频率，通过电声设备的处理，重放出来的声音信号中也不会存在这些较低的频率。但是，人耳听觉存在一种现象，即能够感觉到这些已经损失的频率成分。主要原因是人耳听觉能通过听到的泛音推断出它的基音，感觉出这些较低频率的存在，人耳的这种主观效应被称为主观基频效应。例如，很多音响爱好者热衷于极限型的器材，追求极低频率的听觉体验，不依赖于人耳的主观效应来感受这些频率，而是专门配备了具有极低频响的优质扬声器，使系统的重放下限真正扩展到16Hz。值得注意的是，为了避免极低频率对一般重放设备的影响和破坏，目前市场上很多音像产品都在30Hz，或更低的频率以下做了适当衰减，所以真正能够达到极低频率的听觉体验是很少的。

音乐节目的频谱分布和各频段幅度的相对大小可以通过频谱分析获得。图2-1是典型摇滚乐的频谱分析。从图中可以看出，整个频谱的高频段呈现出了较大的衰减。事实上，不只是摇滚乐，其他类型的音乐，如古典音乐，同样也是在高频段出现较大的能量衰减。主要原因是，声音在空间中传播，空气会吸收其中的高频成分，使乐音中的泛音部分发生迅速衰减。从音乐的频谱分析来看，并不是说泛音在音乐中不重要，只是随着距离的增加，音乐的泛音部分会有相当的衰减。在某种程度上，音乐的泛音反映了信号的瞬态和清晰度等特性。用传声器拾取乐器的演奏时，如果想拾取较多的泛音成分，就应将传声器设置在相对近的位置，音乐的动态和细节也会体现得更为充分；如果想要拾取较为自然的音乐效果，传声器的位置就不应距离乐器太近。传声器的设置取决于音乐的风格，以及乐器在音乐中的角色。

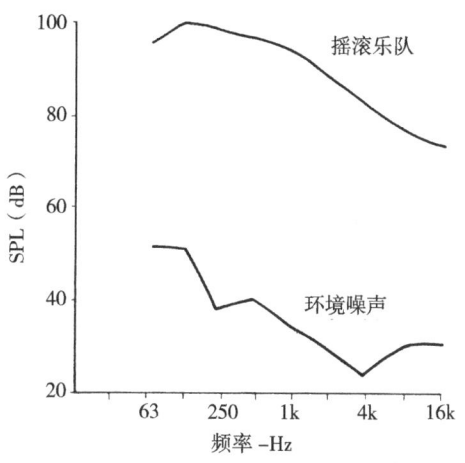

图 2-1 典型摇滚乐的频谱分析

2. 声源的辐射特性

多数声源的辐射都会呈现出特定的辐射特性，随频率的变化发生改变。传声器拾音是拾取具有一定频谱结构的声音信号，因此了解和熟悉声源的辐射特性才能合理设置传声器，使其拾取到理想和平衡的声源音色。要通过传声器设置调整声源的音色，就要利用传声器的位置、轴向夹角和指向性等变化去平衡拾音信号中的频谱结构。

各种乐器都有复杂的结构和形体，这决定了演奏时琴体振动的情况各不相同。不同类型的乐器有不同的辐射特性，随着演奏音域的变化，声音的辐射情况也不相同，所以乐器的辐射特性很难具体分析。总体来看，决定每件乐器辐射特性的关键因素，是乐器形体的大小。如果乐器的形体相对于它辐射的波长非常小，则乐器演奏可视为一个点声源。如果乐器的直径为 D，其辐射的波长为 λ，那么，当 D/λ 的值小于 0.1 时，我们可以近似地认为乐器的辐射特性为全指向形。随着频率的升高，乐器辐射的波长 λ 将逐渐减小，D/λ 的值逐渐增大，乐器的辐射将逐渐呈现出更强的指向性。当频率非常高时，乐器辐射的能量将集中于它的主轴方向。很多乐器有共鸣腔，如小提琴由上、下两个面板组成，中间是它的共鸣腔，此时乐器的实际主轴并不垂直于面板，而是有一定的偏移，而且随着频率的不同偏移量也不一样。

乐器在主轴方向上会辐射出更多的高频成分，录音师就经常把传声器设置在这个方向上，以获得更好的高频响应，取得更理想的音色平衡。实际上，只有少数扩声的场合会如此设置传声器，因为，这会带来很多相关的问题。首先，主轴方向上的高频能量很大，能给人明亮悦耳的感觉，但拾取的声音较为刺耳，人们习惯的乐器音色并不是在乐器的轴线上获得的。其次，管乐器的开口处有较强的气流，在此方向上拾取乐器的演奏将受到气流的影响。最后，主轴方向上能量集中，录音师在此设置传声器时通常要求演奏员在演奏过程中不能移动乐器，特别是在近距离拾音的情况下，即使是轻微的移动，也将使拾取到的声音信号有比较大的电平和音色变化。所以，拾取乐器演奏的传声器应偏离乐器的主轴方向设置，而且传声器的轴向要与乐器的主轴成一定角度。

3. 声源的动态范围

在音乐演奏的范畴内，声源的动态范围是指在正常的演奏条件下，乐器或乐队演奏的最强音量和最弱音量之差。为了区别不同的演奏力度，人们将这个范围划分为几个等级：

ppp	尽可能地弱
pp	很弱
p	弱
mp	中弱
mf	中强
f	强
ff	很强
fff	尽可能地强

上述力度标记是乐谱的一部分，演奏员会按着力度标识进行演奏。从声学角度来看，通常相邻两个演奏力度之间的声级差约为6~10dB，绝对的声压级取决于演奏时的诸多因素，如演奏的乐器、演奏的距离、厅堂的混响时间和房间大小等。乐器演奏的绝对声压级会跨越很大的范围，图2-2是典型乐器的动态范围。在正常交响乐队的编制中，通常弦乐的声压级要比木管乐器低10dB左右，而铜管乐器又要比木管高5~10dB左右。

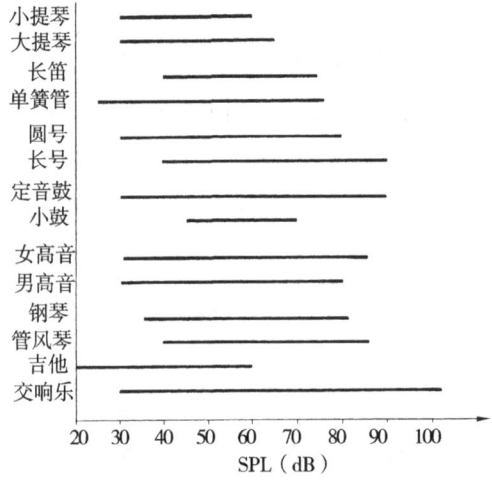

图2-2 典型乐器的动态范围

上述典型乐器的动态下限，是在正常演出情况下听众能够听到的最小声压级，是在距演奏乐器一定距离之外的测量结果，实际动态下限比图中所示的数值还要低。有些乐器的动态与自身演奏的音高有关，如小提琴在200~2 000Hz的频率范围内，演奏的动态始终在40~70dB。小号在200Hz左右的频率范围内，动态大约为30dB，到高音区则下降到只有10dB左右。小号在高音区的音量会变大，即传声器拾取的绝对电平会增大，但是动态范围要小很多。竖笛的动态范围会随着音高的增高而扩大，始终保持一个比较平稳的状态。黑管在中音区则会出现一个很大的动态范围，而弦乐、钢琴、吉他和竖琴等乐器的动态范围和绝对声压级能在全部音域范围内保持比较好的平衡。在创作的过程中，有经验的作曲家会考虑这些乐器的声学特性，并利用乐谱上的强弱记号标示给演奏者，只要演奏者按照标示的力度演奏就能保证整个乐队获得比较好的平衡。音乐的动态是音乐表达的一部分，体现了情感的起伏和情绪的表达。传声器能否忠实再现音乐表达的内容，取决于其能否拾取到相应的变化，并将音乐的动态起伏转换为信号电平的动态变化，而这又取决于选择的传声器和传声器的拾音距离等要素。不过，较大的动态范围意味着较小的平均电平和总体响度的下降，所以最终节目信号的动态处理还要根据实际的用途予以确定。

4. 声源的机械噪声

在乐器演奏的过程中，艺术家创造的不仅是优美的乐曲，还会伴生出各种类型的噪声。不同的乐器有不同的演奏方法和不同的发声机理，产生的噪声也不尽相同。交响乐队中的弦乐是噪声最大的乐器，其次是木管乐器。木管乐器中噪声最大的是长笛，它的噪声主要由演奏员演奏时的吹奏气息引起。另外，钢琴的踏板声和歌唱的呼吸声等，也是在正常演奏的过程中经常伴随着乐音出现的噪声。演奏员非常熟识他们产生的这些噪声，但演出现场观众不易察觉。一方面，是因为观众与演奏员的距离比较远，噪音传到观众席后已经有较大衰减；另一方面，是演出现场的视觉因素让观众把主要注意力都集中到演奏的乐音上，忽视了噪音的存在。但如果我们用传声器把所有声音都录制下来，听众就很容易通过扬声器听到噪音的存在。传声器拾音客观记录拾音范围内的声波，传声器的指向性，或者在高频呈现出的更强的指向性，有时会对这些噪音起到加强作用。现场演出具有不可重复性，而录制下来的声音可以被反复聆听，有可能加深听众对这些噪声的印象，注意到这些噪声的存在。数字录音技术极大改善了整个系统的本底噪声，较低的本底噪声容易使这些机械噪声更加突出。不过，机械噪声本来就是现场演奏的一部分，录音时保留一些噪声某种程度上能够体现出一种真实感和自然感。通过扬声器重放出来的这些噪声，是较高灵敏度的传声器近距离拾音的结果，重放的声像位置相对靠前，拾取到的机械噪声也会表现出较强的临场感。不过录音中保留乐器演奏的机械噪声要有一定限度，否则将会影响到正常的音乐欣赏。

二、拾音时的相位问题

在现场同期录音和采用多轨分期录音的过程中，同时采用多只传声器进行拾音是普遍的方法。多传声器拾音不能避免声源辐射的声音到达不同传声器时出现相位的问题。此外，在有较强反射的现场录音时，即使采用单传声器拾音有时也会出现不同程度的反相。因此，在传声器的应用技术中，相位是经常被讨论的重要问题。除了声波到达传声器的时间差引起的声相位，录音过程中还存在由电路信号相对极性引起的电相位。相位问题看似简单，却是隐藏在录音中非常重要的问题，如果处理不好，将会严重影响到节目的录制质量。

1. 声相位

声相位是由声波的波动性引起的。空气中传播的声波具有周期性，在某个参考点位置上，如果在一个周期内两个声波没有时间差，则在该位置上两声波是同相的，具有相同的相位；如果一个周期的范围内两声波存在时间差，两声波间就会存在反相问题。在同相的情况下，两声波的幅度将被加强，如果反相则发生相互抵消现象。如果两个声波的频率、波形和幅度完全相同，彼此之间的相位也完全相同（相位差为0），声波的幅度将是原来的两倍。同样，如果这样的两声波完全反相，两个声波也会被完全抵消。不过，这只是两种极限情况，在实际的录音现场很少会出现这种相位完全相同，或完全反相的情况，更常见的都是部分反相。两个声波存在部分反相，叠加后的声波将会出现部分被衰减，同时部分被加强的现象，如图2-3所示。

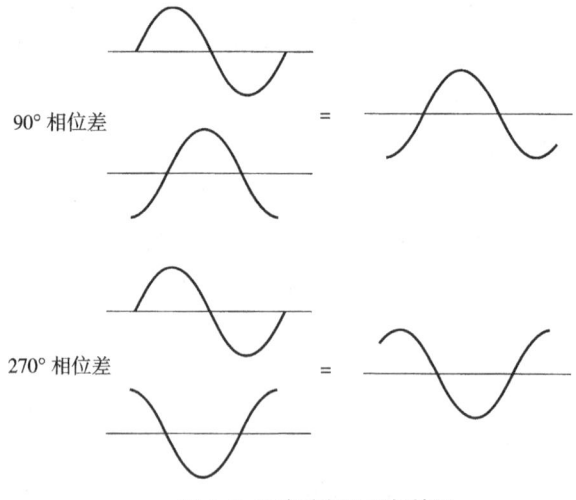

图2-3 两声波部分反相情况

传声器拾音类似于上述在参考点位置上的分析。如果采用单只传声器拾音，经过界面的反射声要延时于直达声到达传声器，反射声和直达声之间存在相位差。在反射声能量较强的情况下，在某些频率上容易出现声波被全部抵消或部分抵消的问题，而在另一些频率上则可能出现声波得到加强的现象。在节目制作中，延时是经常利用的一种声音处理方式，但当延时效果影响到声源的频率响应,特别是影响到中、低频的频率响应,或者影响到声音的稳定和清晰度等特性时,出现的相应问题往往需要极力消除。

如果采用多传声器拾音,除了以上反射声的问题外,声源相对于传声器的位置不合适,声波到达各传声器的时间不一样,也容易出现相位问题。例如,把两只传声器拉开一定距离,用两只传声器进行拾音。偏离两传声器对称轴的声源辐射的声音到达两传声器就会存在时间差,两传声器拾取的信号混合后将会出现抵消的现象。反相问题较为严重时,人耳相对容易觉察,能感觉到声音有明显减弱或抵消。当反相问题不太严重时,人耳听觉往往很难察觉。

传声器拾取的声音信号存在抵消或加强的现象不可避免,但应当采取措施消除严重的反相问题。为了避免现场拾音时出现反相问题,人们在经验积累的基础上总结了设置传声器的3:1原则。这个原则大致给出了传声器间距和传声器到声源距离的关系,即任何两只传声器之间的距离,应大于其中任何一只传声器到声源距离的三倍。如图2-4所示,如果一只传声器到声源的距离为10cm,另一只传声器与该传声器之间的距离应当大于30cm。

设置传声器的3:1原则是避免出现反相问题的基本原则。如果声源的响度比较高,声压级非常大,为了避免拾音出现的反相问题,应考虑适当增加这个比例,达到4:1甚至5:1。同样,如果声源的声压级比较小,可以考虑适当减小这个比例。采用两只传声器拾取声源辐射的声音时,可以尽量减小传声器之间的距离,同时传声器的轴向彼此成一定角度,从而减小声音到达两传声器的时间差,避免出现声相位问题。声相位问题主要是传声器设置不合理造成的,只要遵循设置传声器的3:1原则,就能有效地减轻或者避免反相问题影响录音的声音质量。

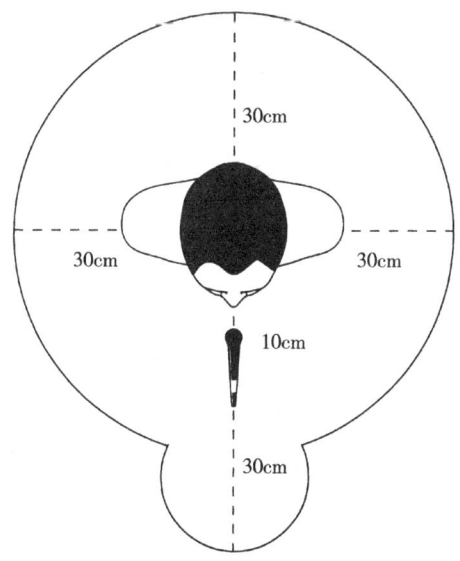

图2-4 避免反相问题的3:1原则

2. 电相位

电路相位反相的效果类似于声相位反相，它的产生取决于电信号中的相对极性。电相位反相问题多数是误操作的结果，最常见的就是传声器插接件的连线错误。RCA 标准的 XLR-3 型插接件是专业音频中最常用的插接件，经常用于音频信号的平衡连接。通常 RCA 标准的 XLR-3 型插接件是按照 1 脚接地、2 脚接信号的"＋"端（热端）和 3 脚接信号的"－"端（冷端）的方式焊接线缆，多数的专业音频设备也遵照这种惯例来设计相应的音频接口。不过，这只是个传统的惯例，并不是明确的规定，所以也有少数厂商的设备是将上述 2 脚和 3 脚对调来设计音频接口。因此，在做系统连接的时候，尤其是连接之前没有用过、并不熟悉的设备时，应当仔细核实设备接口采用的方式。常见的发生电相位反相的原因是焊反了音频连接线缆与插接件的接线端以及误操作调音台上的倒相开关。当感觉系统出现明显的反相问题时，应首先检查是否出现了以上两种情况。

检验系统是否存在电相位反相问题，可采用两只传声器和一个稳定的声源进行测试。测试的方法是将两只传声器彼此靠拢，来拾取稳定的声源辐射的声音。此时，需将两只传声器的增益分别调整到适当的位置，然后将拾取的两个信号混合。如果混合后的信号电平比原来单只传声器的电平上升了 3dB 左右，说明两传声器拾取的信号相位相同。如果混合后的电平比原来的下降，则表明系统存在电相位反相的问题。此时，我们会听到低频信号出现衰减，甚至被完全抵消。要解决电相位反相的问题，可以将传声器插接件中的两根芯线对调，也可以利用调音台上的反相开关将信号反相 180°，迅速校正相反的相位。

三、拾音距离的选择

传声器的拾音距离是音乐录音不容忽视的问题。它的重要性不仅在于其影响重放音乐的清晰度、空间感和演奏细节等方面，更在于其影响音乐风格的把握和表现。从音响效果的角度看，有的作品各方面的主观评价都比较满意，但整体表现出的声音形象、听觉上的音响感受，会出现和音乐表达的内容与情感不吻合的情况。传声器的拾音距离决定了音乐重放的距离感和纵深感，这种感觉构成了音乐表达和整体形象，因此传声器的拾音距离与音乐的类型和风格有密切关系。通常情况下，传统音乐和讲求整体感的音乐类型需要采用同期录音的方式，传声器应设置在相对较远的位置拾取乐队或乐器组的演奏；而流行音乐强调乐器的质感和动态冲击感，为了后期制作的方便多采取近距离拾音。不同的拾音距离将获得不同的听觉感受。传声器在较远的距离拾音，呈现出五个主要特点。

（1）拾取到的直达声相对于混响声的比例有所下降，重放的音乐更具空间感和纵深感。

（2）声音传播的距离加大后，更多的高频能量被空气吸收，虽然声音的清晰度和瞬态细节等会因此下降，但重放的音响效果将趋于温暖和柔和。

（3）立体声传声器有效拾音角不变的情况下，传声器距离声源越远，有效拾音角的覆盖范围就越大。增加传声器的拾音距离有利于声音更趋于平衡，接近听众正常的听音效果。

（4）传声器在较远距离拾音，能够避免出现过多的机械噪声。

（5）录音现场需要有良好的声学特性，否则容易产生声染色的现象。

传声器在较近的距离拾音，呈现出六个主要特点。

（1）拾取的声音基本没有空间感，重放的声像处于比较近的位置。

（2）能够获得较好的高频响应，重放的声音具有很好的瞬态特性和较强的冲击感，总体感觉明亮而清晰。但是，如果传声器设置不当，很容易使声音产生尖锐和刺耳的感觉。

（3）传声器有效拾音角的覆盖范围比较小，尤其在乐器的形体尺寸比较大的情况下，难以拾取到乐器的"全貌"，容易产生音色不平衡的问题。

（4）容易拾取更多的机械噪声。

（5）多传声器拾音容易出现声相位的问题。

（6）采用指向性传声器会发生低频近讲效应。

值得注意的是，除了全指向传声器在各方向上的灵敏度一样外，其他指向性传声器偏离主轴后的灵敏度都会产生不同程度的下降。因此，在到声源相同距离的位置上拾音时，不同指向性的传声器拾取到的直达声和混响声的比例也不相同。指向性越强，直达声相对于混响声的比例越高，感觉到的声响距离就越近。所以，选择传声器的拾音距离时，还应考虑到传声器的指向性。图 2-5 显示了不同指向性的传声器在不同的距离上拾音，能够获得相同的距离感。

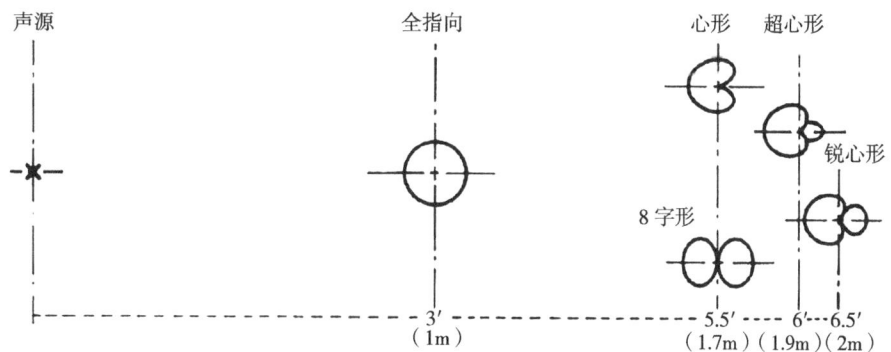

图 2-5 不同指向性传声器在不同拾音位置的比较

图中所示的传声器，在主轴方向有相同的灵敏度。如果以全指向传声器距离声源 1m 的拾音位置为参考点，要想获得跟全指向传声器相同的距离感，心形和 8 字形传声器的拾音位置应远于全指向传声器，设置在 1.7m 的位置。同样，超心形传声器设置在 1.9m 处，锐心形传声器设置在 2m 处的位置进行拾音，也会获得全指向传声器在 1m 处拾音的距离感。

第三章

立体声拾音技术

立体声拾音技术是针对立体声重放系统开发的传声器应用技术。技术开发和应用的基础是人耳对声源的定位能力和人耳对扬声器重放声音的定位，总体目标是利用传声器拾取具有立体声信息的声音信号，并通过重放系统再现声源现场的听音效果，这主要包括了两个方面：一是能够再现期望的声像定位；二是能够再现期望的听觉空间。听音效果是期望的，主要原因在于多数情况下录音师并不以还原现场为目标，而是在考虑室内声学特性、声源具体情况和特定的审美标准等诸多因素下运用技术，突出某些声音特征，弥补某些音响不足，在现场声源的基础上进行再度创作。立体声技术是声音艺术创作的工具和手段，技术的应用体现了创作的过程。立体声技术不仅反映技术领域的进步，更是艺术发展的要求。在技术领域内，传声器的技术原理、技术特性和表现出的音色特点等，以及传声器的选择与设置等有一定的规律可循，但技术的应用并非一成不变，需要录音师在艺术创作的要求下做出合理选择。

第一节　立体声拾音技术概述

　　在音乐录音领域中，立体声拾音技术主要应用于古典音乐的现场同期录音。立体声拾音技术通常由两只或三只传声器组成，传声器被设置在较远的位置上拾取整个乐队的声音。这种录音工艺很好地适应了古典音乐的风格特征和艺术要求，能在重放的扬声器间充分再现演出现场的听音感受，如整个乐队的纵深感、听音位置到乐队的距离感，以及演奏的现场感、临场感和演奏厅堂的空间感，再现各乐器间的声像定位关系。同时，这种录音工艺也能较好地保障乐队自身的融合感、各声部之间的相互配合，以及艺术家对音乐的理解和艺术处理。

　　流行音乐和各种类型的现代音乐是伴随技术进步发展起来的艺术形式，通常没有固定的乐队配置和音响要求。从整体的听觉特点来看，相对于古典音乐的音响特点，流行音乐具有清晰、明亮的音响特色，通常采用的是单点或多点近距离拾音的方式，制作工艺多采用多轨分期或多轨同期，各声部乐器的声像定位和空间感等立体声效果需要在后期制作的过程中完成。相对大型的乐器或乐器组有较大的发声体，如：钢琴、架子鼓等，或者是弦乐组、管乐组等，另外，合唱也算有较大发声体，为了保证不同音域或不同乐器间的自然平衡，保证录制的声音有较好融合性，录制人员往往要采用立体声拾音方式。其他情况下，如录制音响效果、环境背景、电影和电视中的对白和新闻采访，以及广播剧和体育广播等节目，也经常采用立体声拾音方式，以保证整个节目声音的立体声效果。

　　在立体声节目的制作中，采用立体声拾音技术的首要目的，是保证重放的声源有准确和自然的声像定位。例如，如果拾音对象是乐队的现场演奏，就需确保重放的各声部乐器有准确的声像定位，相互之间的位置关系同现场演出时的位置关系保持一致。此外，还要根据拾音对象的艺术形式，以现场实际欣赏的听觉感受为基础，确定乐队在两扬声器之间的宽度。如果是编制规模较大的管弦乐队，录音师通常要将乐队的两侧分别定位到左右扬声器，尽量展现乐队宽度，体现出乐队应有的气势。如果是编制规模较小的演出形式，像弦乐四重奏之类的室内乐，可根据需要确定重放声音的宽度，将乐队的两侧定位在两扬声器之间适当的位置。

图 3-1 是三种立体声定位效果的示意图。图 3-1（a）是乐队实际演出时的示意图，不同声部乐器从左至右均匀地分布在乐队中。如果传声器设置合理，就能够忠实记录下不同声部乐器的位置信息，并且能尽量展现乐队的宽度，其重放的声像将如图 3-1（b）所示，被均匀地定位于两扬声器之间，乐队的两侧恰好定位在左右扬声器上。如果传声器设置不合理，容易出现声像过窄的问题，如图 3-1（c）所示。对于大型管弦乐队而言，声像过于集中于两只扬声器之间，既不符合音乐厅内最佳听音位置上的实际听觉效果，也会影响到这类规模乐队演奏音乐的艺术效果。当然，传声器设置也不能让重放的声像太宽，否则声音过于集中在两侧的扬声器，导致声像畸变现象的发生，如图 3-1（d）所示。

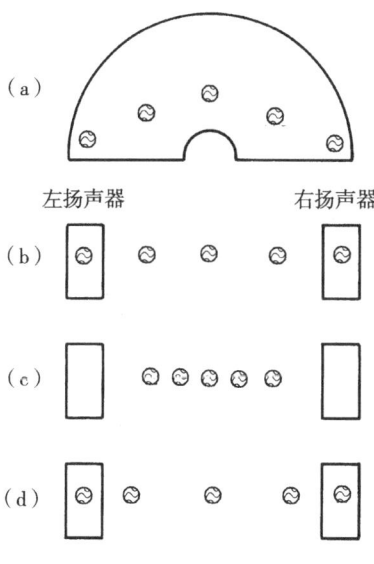

图 3-1 立体声定位效果

我们从前述双声道立体声的重放可知，在节目源没有问题的情况下，要想获得准确和自然的声像定位，重放系统应设置在标准的听音环境中，并且听音人位于立体声的最佳听音位置。如果传声器没有拾取到准确的立体声信息，导致拾取的节目源存在问题，则重放系统无法对这种问题予以弥补，这种不可逆的性质决定了准确使用立体声拾音技术在整个节目制作工艺中的重要性。

在实际的声音节目录制中，要确保重放的声像不出现失真问题，关键在于合理地选择拾音方式和设置传声器。如果希望声源的宽度充分定位于左右扬声器之间，就需要拾音的传声器的有效拾音角适合于声源的宽度，使声源两侧尽可能接近有效拾音角的边缘，如图 3-2 所示。需要注意的是，传声器的有效拾音角不同于传声器组合实际张开的角度，传声器的有效拾音角是传声器组合所覆盖的拾音范围恰好充分定位于左右扬声器之间的角度。图 3-2 是一个立体声拾音系统的俯视图，图中所示的五个声源均匀排列，拾音系统的有效拾音角恰好覆盖到所有声源，通过立体声系统重放的声像也将充分和均匀地分布于左右扬声器之间，使听众获得良好的声像定位和立体声效果。如果增加立体声拾音系统到声源的距离，则会出现有效拾音角过大的情况，出现图 3-1（c）的声像定位效果。这种情况可能适合弦乐四重奏等室内乐的拾音，但不能满足大型管弦乐队的拾音要求。如果减小立体声拾音系统到声源的距离，有效拾音角会相对变小，出现部分声源位于有效拾音范围之外的情况，其声像定位效果将如图 3-1（d）所示，重放声源过度集中于左右扬声器。在声源宽度确定的情况下，调整立体声拾音系统相对于声源的距离，可以调整有效拾音角对声源的覆盖面，但拾音距离的调整将会影响到声源重放的空间感和纵深感等方面。如果拾音距离合适，但有效拾音角的覆盖面不能满足需求，则只能选择其他拾音方式，通过设置传声器来调整有效拾音角的覆盖范围。

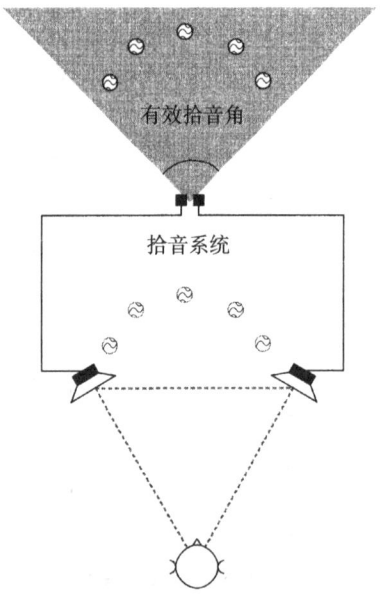

图 3-2 有效拾音角恰好覆盖整个声源

有关声源重放的声像宽度问题，一般而言没有具体的规定，录音师可根据艺术上的需求进行设定。对于单件乐器或乐器组，制作者通常遵循的是声像宽度与声源实际大小相称的原则，如吉他的声像基本可以视为点声源，钢琴或弦乐组等的声像则应具有一定的宽度。不过，独奏的乐器，重放的声像宽度又不同于其在乐队中的情况，像吉他独奏就需要有适当的宽度，而不能将其视作点声源处理。调整拾音系统到声源的距离，能改变有效拾音角的覆盖范围，也会影响到重放声像的清晰度。确定重放声像的清晰度具有较强的主观性，不同类型的音乐作品存在较大差异。传统的古典音乐常以在声学条件较好的音乐厅中、最佳听音位置上（一般在第十排左右的中间位置，类似于双声道立体声的最佳听音位置）所听到的清晰度为标准。人在音乐厅内听音，视觉因素辅助听觉对声源进行定位，而通过扬声器重放的立体声节目缺失了视觉的作用，为了获得更加自然和真实的重放效果，重放声像的清晰度应当比现场实际的清晰度更高一些。

应用立体声技术拾音的主要目的是拾取具有立体声信息的声源信号，对重放的声音信号进行准确的声像定位。设置传声器时同时要考虑的另一个重要问题，是拾取现场的反射声和混响声，令重放的声音具有自然的空间感。理论上，人们在音乐厅欣赏音乐获得的空间感是由来自各个方向的厅堂反射声引起的，要想通过扬声器重放获得同样的听觉感受，反射声和混响声也应从各个方向辐射到听音位置。立体声传声器在声场中能够像听众一样拾取来自各方的声音，如图3-3所示。但双声道立体声系统只能从前方两只扬声器的范围内辐射声波，缺失了侧方和后方辐射的反射声和混响声，这令双声道立体声系统很难完全再现现场听音效果，尤其是现场自然的空间感觉。要想在听音位置获得声音来自各个方向的感觉，录音师只能通过增加后方和两侧扬声器的方式，来模拟听音人两侧和后方辐射来的反射声和混响声，即采用环绕声系统。双声道立体声系统虽不能提供两侧和后方的声音信息，但通常前方的声音信息是最重要的，多数艺术形式的声音都来自前方，所以即使双声道立体声系统拾取的声音有所缺失，也不会影响到听众对主要内容的接收，这也是双声道立体声系统至今仍被广泛采用的重要原因。为了增强双声道立体声节目的空间感，提升节目内容的艺术感染力，通常录音师会采用各种方法来改善空间感，如在设置传声器时加大传声器之间的距离，就能明显改善重放声音的空间感。不过，如果传声器之间的距离过大会出现其他问题。

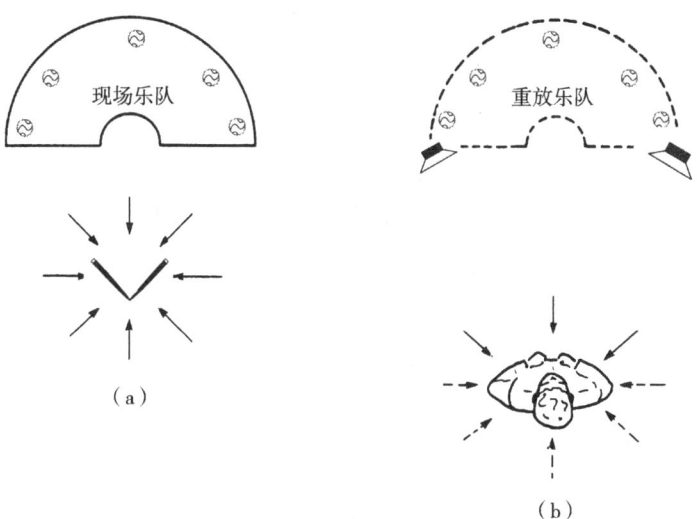

图3-3 立体声拾音和重放情况

目前，人们采用的立体声拾音技术都是依据人耳对声源定位的主要因素（时间差和声级差）开发和设计出来的。在各种常用的立体声拾音技术中，传声器或者拾取具有声级差的立体声信号，或者拾取具有时间差的立体声信号，或者拾取的信号中既有声级差又有时间差，而立体声拾音技术常以这三种工作原理进行分类。这些类别的立体声拾音技术有各自优点，同时也存在明显不足。每种拾音方式都有其最适合的场合，如适合于不同类型的录音场地，适合于不同类型的节目，这也是各种拾音方式能够被开发出来，仍在经常使用的原因。为了在不同条件下录制好不同类型的节目声音，录音师应当全面了解和掌握这些拾音方式，并根据实际需要做适当调整，在大量实践和总结的基础上，逐渐建立起传声器设置和主观听觉之间、技术应用和艺术效果之间的关系，才能在复杂的录音工作中选择正确的拾音方式，设计最佳的录音方案，获得理想的录音效果。

第二节　声级差定位的立体声拾音技术

声级差定位的立体声拾音技术建立在声级差对人耳的定位作用的基础上。通过这种技术拾取的声音信号只具有声级差，不存在任何时间差，这是这种拾音技术的主要特征。声级差定位的拾音技术主要有 XY、Blumlein 和 MS 三种方式。三种方式的不同之处在于传声器选择的指向性不同，共同之处在于传声器的设置，通过视觉无法直接判断具体采用了哪种拾音方式。

声级差定位的立体声拾音技术设置两只传声器，为了避免声源辐射的声音到达传声器产生时间差，录音师通常将一只传声器置于另一只传声器上，两只传声器的膜片在水平面上基本重合，因此这种拾音技术也常被称为重合式拾音方式。在垂直面上，由于传声器的膜片具有一定尺寸，所以声音到达两只传声器后，还是会产生相位差，不过这种由膜片尺寸产生的相位差可忽略不计。采用声级差定位拾音技术时，录音师通常选用具有指向性的传声器，且传声器的轴向彼此张开一定角度。正是利用了传声器的指向性和主轴指向不同的方向，从不同方位入射的声音信号将在立体声的左右通路间形成声级差。

使用指向性传声器是声级差拾音技术的基本要求，因此在具体了解这种立体声拾音技术的原理和应用前，我们有必要先了解和掌握常用传声器的指向性和它们的表达式，以便更深入理解声级差定位的立体声拾音技术的特点。

一、传声器的指向性

传声器按照声波的接收方式可以分为两种类型：压强式和压差式。入射声波只作用到压强式传声器振膜的前表面，压强式传声器在各个方向上灵敏度是相同的，与声波的入射

方向无关,是全指向性传声器,如图 3-4 所示。其数学表达式为:

$$S = 1$$

S 为传声器的灵敏度,为了表示方便归一化为 1,即传声器的灵敏度与声波的入射方向无关。

压差式传声器振膜的前后两个表面都接收声波,膜片的振动取决于振膜前后的瞬间声压差,其指向性为 8 字形,如图 3-5 所示。其数学表达式为:

$$S = Cos(\alpha)$$

S 为传声器的灵敏度,α 为声源入射角。需要注意的是,8 字形传声器前后的灵敏度相同,但输出信号的极性是反相的。

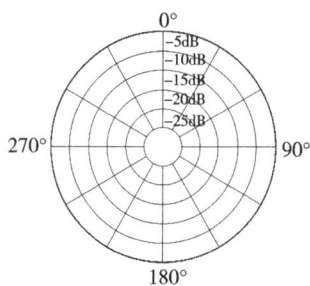

图 3-4 全指向性传声器

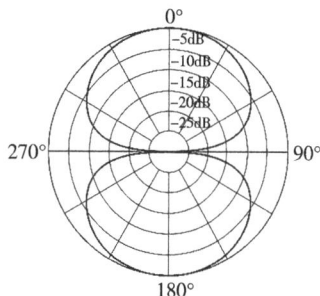

图 3-5 8 字形传声器

如果压强式传声器和压差式传声器组合,则可以得到其他指向性的传声器,图 3-6 为心形传声器的合成示意图。

图 3-6(a)为主轴上灵敏度相同的全指向性传声器和 8 字形传声器。如果两传声器的输出叠加,如图 3-6(b)所示,8 字形传声器的正瓣将导致两传声器的总输出提高,负瓣则使两传声器的总输出下降,最后合成心形指向性,如图 3-6(c)所示。由于两传声器的灵敏度相同,所以合成后的主轴灵敏度是合成前两传声器各自灵敏度的一倍。在两侧 90° 和 270° 的方向上,合成后的灵敏度将有约 6dB 的衰减;180° 的方向上输出的信号被完全抵消,输出为零(这只是一个理论值,实际上心形传声器还是有一定输出,其输出的大小由传声器的质量来决定,高质量的心形传声器可以做到只有非常小的输出)。心形传声器是由灵敏度相同的全指向性传声器和 8 字形传声器合成的,如果调整压强式传声器和压差式传声器的输

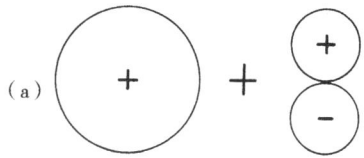

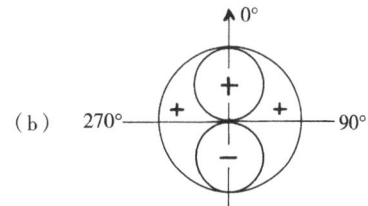

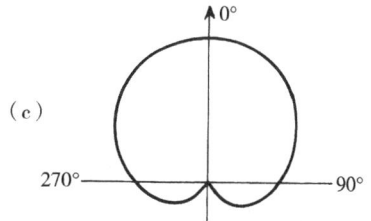

图 3-6 心形传声器合成示意图

出，使它们按照一定的比例合成，结果将得到其他常用的指向性传声器，如表3-1所示。

表3-1

传声器指向性	压强式传声器比例	压差式传声器比例
全指向形	1	0
阔心形	0.75	0.25
心形	0.5	0.5
超指向形	0.25	0.75
8字形	0	1

上面介绍了以叠加的方式显示出压强式传声器和压差式传声器合成的情况，用它们各自的数学表达式相加就能直接得出合成后表达式。表3-2是按照不同比例叠加后得到的不同指向性传声器的数学表达式。

表3-2

传声器指向性	灵敏度表达式
全指向形	$1 + 0 \cdot \mathrm{Cos}(\alpha)$
阔心形	$0.75 + 0.25 \cdot \mathrm{Cos}(\alpha)$
心形	$0.5 + 0.5 \cdot \mathrm{Cos}(\alpha)$
超指向形	$0.25 + 0.75 \cdot \mathrm{Cos}(\alpha)$
8字形	$0 + 1 \cdot \mathrm{Cos}(\alpha)$

传声器灵敏度的数学表达式反映了传声器在各方向上对声音信号的响应情况。在已知入射角α的情况下，我们通过简单计算便能得到不同指向性传声器相对于其轴向的灵敏度。如声源辐射的声音以90°的入射角到达心形传声器时：

心形传声器的灵敏度 = $0.5 + 0.5 Cos(\alpha)$ = $0.5 + 0.5 Cos(90°)$ =0.5

此时传声器的灵敏度相对于主轴方向的灵敏度下降了50%，用dB表示为：

$$\Delta dB = 20\lg \frac{\text{轴向灵敏度}}{\text{离轴灵敏度}} = 20\lg 0.5 = 6.02 dB$$

对于不同指向性的传声器，录音师应非常熟悉它们在各个方向上的灵敏度及其对不同方向声音信号的衰减情况。这也是针对不同声源，针对不同拾音情况，如何选择和设置传声器的基本依据。通过传声器灵敏度的数学表达式，我们可以得出传声器在各个方向上的灵敏度曲线，从而更直观地看出传声器灵敏度随入射角变化的总体趋势。图3-7是心形传声器随入射角变化的灵敏度曲线。我们可以看到传声器主轴方向上的灵敏度最高，离开主轴方向后整体呈现出下降趋势，直到传声器的背面灵敏度下降为零。传声器的主轴正对声源，能够加强声源的录音电平，传声器的后方对声音信号有最大的抑制作用。在扩声领域，录音师经常采用心形传声器来抑制后方信号的干扰，防止扩声现场发生啸叫现象。

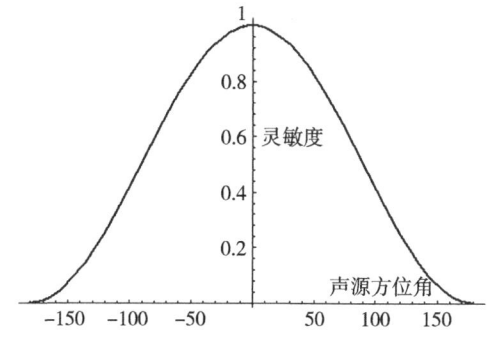

图 3-7 心形传声器的灵敏度

需要注意的是，通常所说的传声器指向性是用特定测试频率测量得出的结果。随着频率的改变，传声器的指向性也相应发生变化。一般来讲，频率越高，传声器呈现出的指向性就越强，在较低的频段传声器将基本趋向于全指向形。在人耳可听频段，甚至更大的范围内，传声器的频率响应是衡量传声器质量的重要指标。

二、声级差定位的声像估算

采用声级差定位的拾音技术时，如果传声器的指向性和传声器彼此间的轴向夹角确定，则可以根据这些参数计算出左右通路间的声级差，并根据前述人耳在两扬声器间的声像定位近似估算出重放的声像定位情况。传声器的灵敏度是传声器对各方向声音信号的响应程度，根据灵敏度的数学表达式我们得出两通路间的声级差为：

$$\Delta dB = 20\lg\left[\frac{a + bCos(\theta/2) - \alpha}{a + bCos(\theta/2) + \alpha}\right]$$

上式中：△dB 为两通路间的声级差；a + b Cos（θ）是传声器的灵敏度表达式，a、b 分别为压强式传声器和压差式传声器的合成比例（全指向形 a=1 b=0；阔心形 a=0.75 b=0.25；心形 a=0.5 b=0.5；超指向形 a=0.25 b=0.75；8 字形 a=0 b=1），θ 为传声器的轴向夹角，α 为声源方位角，如图 3-8 所示。

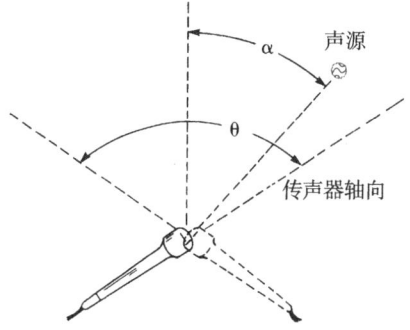

图 3-8 θ 为传声器的轴向夹角；α 为声源方位角

如果采用心形传声器，传声器间的轴向夹角为90°，由上式我们可以得到两传声器间的声级差为：

$$\Delta dB = 20\lg \frac{[0.5 + 0.5Cos(\theta/2-\alpha)]}{[0.5 + 0.5Cos(\theta/2+\alpha)]} = 20\lg \frac{[0.5 + 0.5Cos(45°-\alpha)]}{[0.5 + 0.5Cos(45°+\alpha)]}$$

由上式可知，图3-7的心形传声器灵敏度曲线左右平移45°，即可得到心形传声器的轴向夹角为90°时传声器组合的灵敏度曲线，如图3-9所示。图中横轴为声源方位角，纵轴为传声器灵敏度，在特定的声源方向上，两条曲线间的垂直距离显示出两传声器间灵敏度的差别。通过上式我们也可以直接得出传声器周围–180°~180°范围内的声级差。图3-10展示了当横轴是不同入射角时，用对数表示的两传声器间的声级差。声级差为正，表示右声道的声压级大于左声道；声级差为负，表示左声道的声压级大于右声道，图中的最大值和最小值是心形传声器在180°的方向上用对数表示的极值情况。不过，根据人耳在扬声器间的定位原理，两扬声器间的声级差达到15~20dB时，声像就将定位在声压级较强的扬声器上。当声级差超过15dB（设声像定位在扬声器上所需的声级差为15dB左右），声像也不可能超过扬声器继续移动，而会继续定位在扬声器上。据此可根据实际需要将图3-10简化，即只研究两通路间声级差为15dB以内的情况，如图3-11所示。

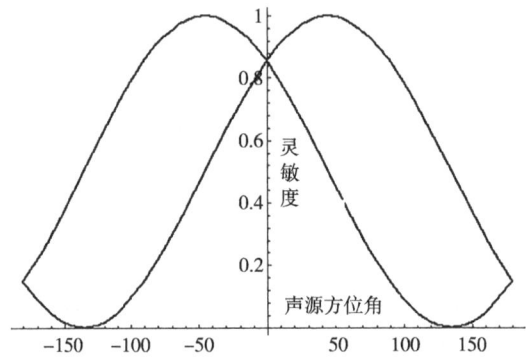

图3-9 轴向夹角为90°时，传声器组合的灵敏度

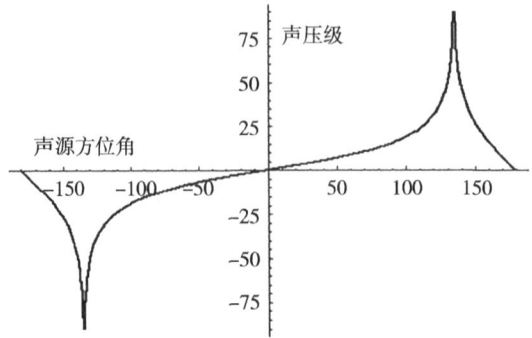

图3-10 轴向夹角为90°时，传声器组合的声级差

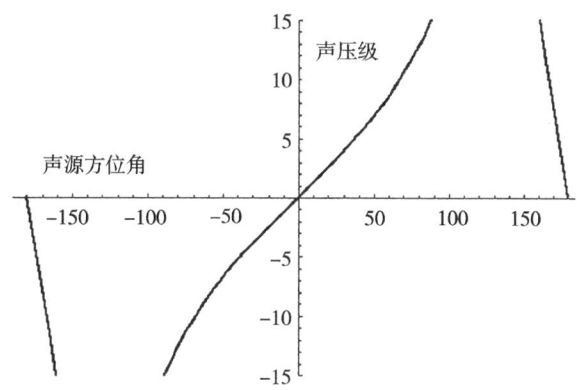

图 3-11 轴向夹角为 90° 时，声级差小于 15dB

图 3-11 反映了心形传声器的轴向夹角为 90° 时，声源方位角与两通路间声级差的关系。根据前述的实验结果，我们可以间接得出不同方向的声源在两扬声器之间的声像定位。利用同样的方法，我们也可以得出其他轴向夹角，或者其他指向性传声器的声像定位情况。不过，这只是一种近似估算的方法，其前提是假设了传声器具有理想的指向性，即传声器的指向性不随声源频率的变化而改变。在实际应用中，传声器的指向性会随频率的提高呈现出不同程度的指向性。这种近似估算出来的结果只是个参考值，具体应用可在参考值的基础上进行现场测试，由实际测试的结果确定声源的声像定位。

三、XY 拾音方式

XY 拾音方式是经常采用的一种声级差定位的立体声拾音技术。原则上 XY 拾音方式中，我们可以采用任何一种指向性的传声器，但实际应用中多数采用心形指向性传声器。XY 拾音方式中传声器由两只组成，上下重叠设置，并尽可能接近，传声器膜片在水平面上尽量重合。通常组合后的传声器被设置在声源的中央，或者是局部拾音范围的中间，传声器的轴向彼此张开一定角度 θ，分别指向声源两侧，如图 3-12 所示。主轴朝向左边的传声器被称为 X 传声器，拾取的信号作为立体声的左声道；主轴朝向右边的传声器被称为 Y 传声器，拾取的信号作为立体声的右声道。在重放系统中 X 和 Y 传声器拾取的信号将被分别送入左右两只扬声器中。

我们从前述的传声器指向性可知，任何具有指向性的传声器，如心形指向性的传声器，其轴向上具有最高灵敏度，偏离轴向，传声器的灵敏度将逐渐减小。也就是说，声源正对传声器时，传声器的输出电平最高，否则输出电平将会按照指向性的曲线有不同程度的衰减。如图 3-12 所示，当声源 S 位于两传声器的垂直平分线上时，两传声器将拾取完全一样的信号，左右扬声器重放的声级差为零。根据人耳在扬声器间的定位原理可知，此时重放声源的声像将位于两扬声器连线的中点。如果声源沿着以传声器膜片为圆点的圆弧向右移动，声源将逐渐接近右传声器的主轴方向，同时远离左传声器的主轴，这时右传声器的输出电平将逐渐增大，而左传声器的输出电平将逐渐减小，重放的声音信号在两扬声器之间的声级差将随之逐渐增大。在听音位置监听时，听音人会感到重放的声像开始偏离中间，向右扬声器的方向移动。当声源 S 移动到 S_1 处，左右两扬声器间的声级差达到 15dB 左右时，声像 S'_1 将定位在右扬声器。此时，S_1 的位置也确定了该拾音系统的有效拾音角。当声源超过 S_1，沿着圆弧继续向右移动时，声像将继续固定在右扬声器处。

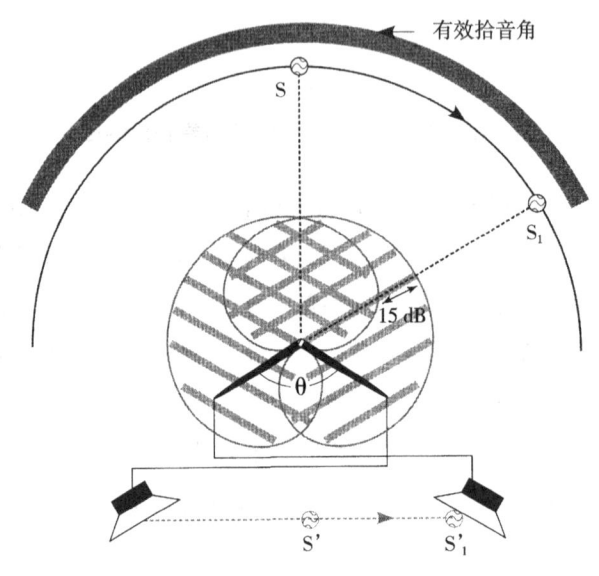

图 3-12 XY 拾音方式

XY 拾音方式完全利用传声器的指向性和传声器之间的轴向夹角，来拾取不同方位声源辐射的声音在拾音位置形成的差别，并将其转换为重放扬声器间的声级差。从某种程度上，这种拾音方式，也包括其他声级差定位的立体声拾音技术可以看作是声像定位的编码器，它将声源的方位"编码"成两通路间的声级差。扬声器重放听音的过程，可以看作是"解码"的过程，人耳捕捉到重放的信号的声级差，并由大脑将其"解码"成两扬声器间相应的声像定位。

在实际应用时，根据声源的规模和室内声学等情况，为了保证有效拾音角覆盖整个声源，拾取适当的反射声和混响声，取得较为理想的空间效果等，XY 拾音方式中两传声器的轴向夹角经常根据需要进行适当调整。直观看来，调整的是传声器间的轴向夹角，实际目的是调整立体声拾音的有效拾音角。对于立体声拾音而言，有效拾音角同声像定位的相关性更强，掌握轴向夹角与有效拾音角之间的变换关系，是调整传声器设置的前提。

如图 3-13 所示，如果声源在 S_1 的位置时重放音像已经定位于右扬声器，若声源的位置保持不变，两传声器彼此间的轴向夹角减小，传声器拾取的声音在两通路间的差别也随之减小，重放扬声器间的声级差将小于 15dB。随着轴向夹角的变小，重放声源的声像将向两扬声器的中心移动。为了使声像重新定位于右扬声器，声源必须继续向右移动超过 S_1（到

达 S_2），使两扬声器重放信号的声级差再次达到 15dB。由此可见，XY 拾音方式的有效拾音角与传声器轴向夹角是反向变化的关系，有效拾音角将随着轴向夹角的减小而增大。

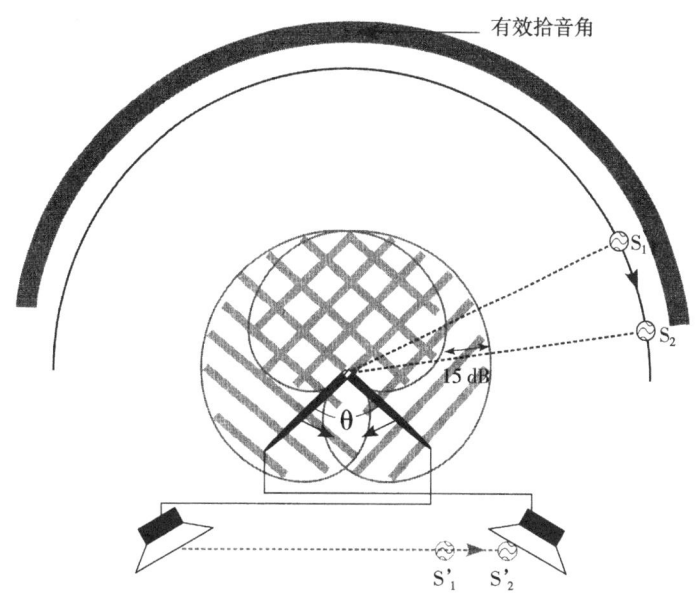

图 3-13 减小两传声器间轴向夹角 θ，增大 XY 方式的有效拾音角

根据实际需要调整 XY 传声器间的轴向夹角，是拾音过程中经常进行的操作，但两传声器间轴向夹角的选择要有一定限度。采用心形指向性传声器进行 XY 拾音方式时，传声器的轴向夹角应控制在 80°~130° 范围以内，我们通过实验方法可以得出各自相应的有效拾音角，如表 3-3 所示。

表 3-3

轴向夹角 θ	有效拾音角 α
80°	180°
90°	170°
100°	160°
110°	150°
120°	140°
130°	130°

传声器的轴向夹角超过如表 3-3 所示的范围，通常影响到立体声的声像平衡。以心形传声器为例，心形传声器的拾音角为 130°，这时心形传声器灵敏度下降到 3dB 以内的范围，超过这个范围拾取的声音信号，会比拾音角内的声音有明显的衰减。如果传声器的轴向夹角大于 130°，如图 3-14 所示，声源的中间部分，也是声源发出最主要声音的部分将处在心形传声器的拾音角之外。传声器在拾音范围正前方的灵敏度下降，将导致直达声相对于混

响声信号的比率下降，听音人能够明显地感觉到声像处在较远位置。如果传声器的轴向夹角小于80°，从表3-3中可以看出，XY传声器的有效拾音角将大于180°，位于心形传声器拾音角两侧以外的声源将有衰减，如图3-15所示。因此调整XY拾音方式的有效拾音角时，两传声器的轴向夹角应注意控制在80°~130°的范围内。

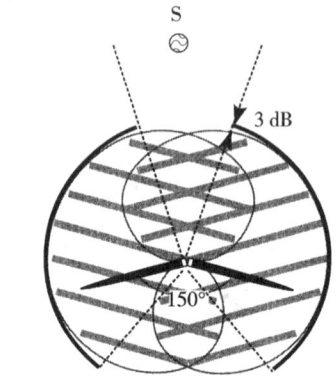

图3-14 传声器轴向夹角大于130°，θ=150°

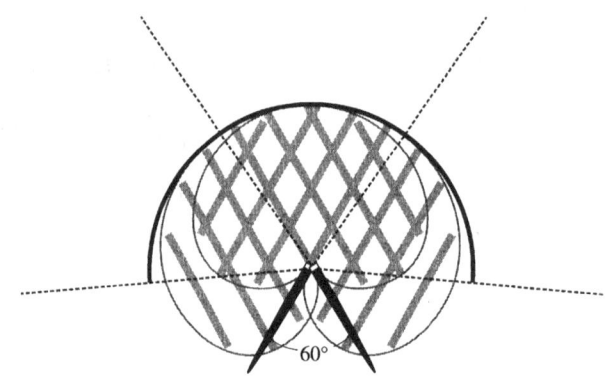

图3-15 传声器轴向夹角小于80°，θ=60°

除了采用心形传声器以外，XY拾音方式也可以根据需要选择其他的指向性传声器。例如，在拾音距离比较远的情况下，心形传声器的轴向灵敏度不能满足拾音效果时，就可以考虑采用具有较强指向性的传声器，如超指向传声器，这样可以在保证重放信号清晰度的情况下，在距离声源较远的位置拾音。以超指向传声器组成的XY拾音方式，其传声器设置类似于心形传声器的情况，但是传声器间的轴向夹角相对于心形传声器更小些。超指向传声器具有更强的指向性，更远的拾音距离，有效拾音角也更小，传声器两侧的衰减更明显。这样容易造成中间声源后退，两边声源比较集中的现象。需要注意的是，超指向传声器的正后方具有一定灵敏度，不同于心形传声器。虽然超指向传声器的后瓣输出电平比8字形传声器小很多，但是拾音时也应当引起注意，以免破坏整个拾音效果。另外，通常超指向传声器在低频段会有适当衰减，它将影响到立体声拾音效果，一般可用均衡器对此做适当补偿。

原则上，XY 拾音方式应采用具有指向性的传声器，但在实际应用中也存在采用全指向传声器的情况。一般情况下，传声器的轴向夹角设置为 90° 左右，如图 3-16 所示。这种方式看起来有些奇怪，理论上仍是单声道拾音，实际却利用了全指向传声器在高频段呈现出指向性的特性。左右传声器仍能拾取到有差别的信号，信号在两扬声器间形成声级差，产生立体声效果。用全指向传声器组成 XY 拾音方式的最大优点，是其在近距离拾音时能够获得更平直的低频响应，没有心形传声器近讲效应带来的不利影响。

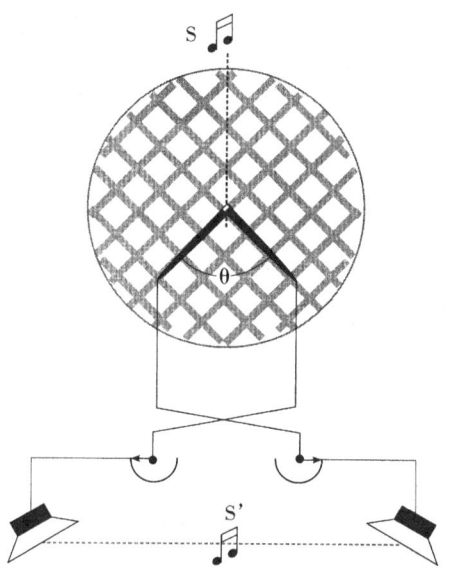

图 3-16 采用全指向性传声器的 XY 拾音方式

我们从上述分析可以看出，XY 拾音方式能采用任何一种指向性的两只传声器进行组合，但传声器设置和技术原理决定了所选传声器的性能应当尽量匹配，至少应选用同一品牌相同型号的传声器。具体选用原则包括两方面，首先，传声器要有良好的极坐标响应。组成 XY 方式的两只传声器间要彼此张开一定角度，轴向对着声源两侧，而不是声源的中央。传声器的离轴频率响应在一定程度上直接决定了中间部分声源的音色。如果离轴响应不好，很容易造成中间声源的声染色，同时也会影响到反射声和混响声等的拾取效果。声源的中间位置通常安排的是最重要的内容，人耳对正前方的声音也最敏锐。如果声源相对于传声器发生移动，其音色等方面的变化要比静止时更容易被察觉。其次，两传声器的频率响应要严格匹配。XY 拾音方式利用通路间的声级差进行声像定位，传声器间任何频率响应的差别，都将影响声像的定位质量。例如，如果组成 XY 方式的两只传声器中，X 传声器在高频有所提升，而 Y 传声器在高频有所衰减，它们组合成 XY 方式对长笛等乐器进行拾音，并将乐器置于中间位置上，就容易出现定位不准确现象。因为类似长笛这样高频成分相对较多的乐器，重放的声像将会出现在中间偏右的位置，而不是在两扬声器的中间。

XY拾音方式仅利用声级差实现声源在左右扬声器之间的声像定位,两个通路之间没有任何时间差定位的立体声信息。相比其他拾音方式和人耳实际的听觉情况来看,拾取的信号存在相对单调、缺乏变化的问题,反映到扬声器重放的听音效果,则存在空间感不足的缺点。不过,正是由于缺少了时间差和相位差的干扰,重放的声像相对清晰和稳定,这也成为XY拾音方式的优势。XY拾音方式的另一个优势是具有相当宽的有效拾音角。较宽的拾音角可以保障传声器设置在距离声源更近的位置拾音,不会出现声像飘移、过于集中到两边扬声器上的问题。此外,由于左右通路间基本不存在时间差,XY方式的单声道兼容性非常好,非常适合于广播电视等的现场实况转播。

四、Blumlein拾音方式

Blumlein拾音方式是另一种经常采用的、以声级差定位的立体声拾音技术。技术特点是传声器设置相对固定,基本没有调整的余地。如图3-17所示,Blumlein拾音方式由两只8字形传声器组成,传声器的膜片在水平面上尽量重合,传声器间的轴向夹角为90°。8字形传声器的特点是前后灵敏度最高,两侧灵敏度最低,这种设置恰好将传声器灵敏度最高的部分对应灵敏度最低的部分,能较好地使两只传声器分别拾取声源的左右部分,通路间获得较好的隔离度。

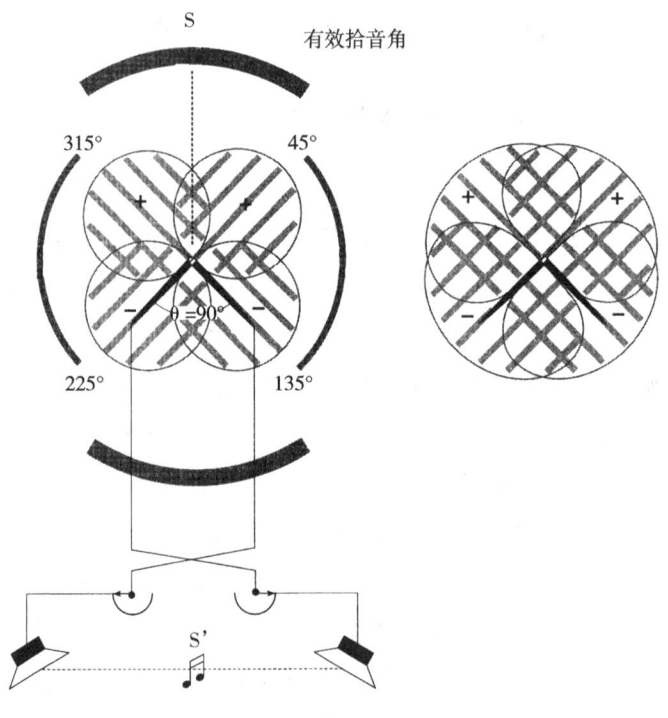

图3-17 Blumlein拾音方式

采用Blumlein拾音方式时,如果声源正对组合的传声器,将恰好位于两传声器偏离主轴 45°的方向上。两只传声器拾取到的信号完全相同，扬声器重放的声级差为零，重放的声像将位于两扬声器连线的中点。当声源偏离中心向右移动时，声源位置将更接近右传声器的主轴，使右传声器的输出逐渐增加，左传声器的输出相应减小，两通路间重放的声级差逐渐增大。声源向右移动偏离中心达到 45°时，将恰好位于右传声器的主轴方向，此时右传声器的输出达到最大值，而左传声器的输出为零。如果声源在传声器前沿着弧线移动，两只传声器拾取到的能量之和将完全相同，这样重放听音将得到电平稳定的声像，如图 3-18 所示。

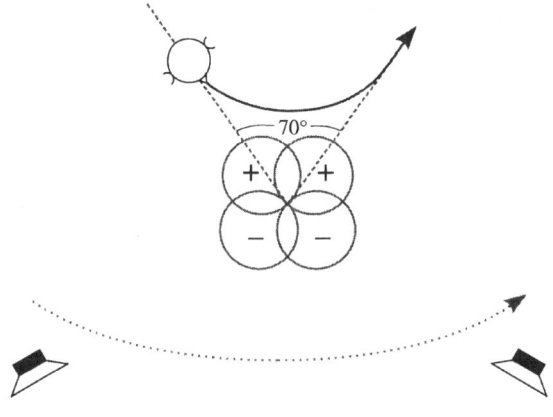

图 3-18 声源在传声器前移动，可以获得平稳的声像

  Blumlein 拾音方式的特点是前方和后方灵敏度完全一样，但是极性相反。采用这种方式拾音时，传声器后瓣将拾取到更多的反射声和混响声，因此也需要更多地考虑后瓣的影响。在厅堂内声学条件比较好的情况下，利用这种方式能获得比较满意的厅堂效果，如果厅堂内的混响比较大，且有较多噪声时，利用这种方式则很难获得满意的厅堂效果，应该考虑采用其他拾音方式。为了充分利用前后两个拾音区，以达到减少传声器数量、提高舞台视觉效果的目的，在声学条件比较好的厅堂内我们可以将演奏的舞台分为两部分，用传声器的后瓣来拾取声源辐射的声音。由于两传声器的轴向夹角以 90°设置，所以传声器后瓣和前瓣的声像定位相反，即左后方与右前方对应、右后方与左前方对应，这点在布置声源时应格外注意。

  我们从图 3-17 中可以看出，Blumlein 方式的前方和后方是用极性相同部分来拾取声音，但两侧的传声器极性相反，在此范围内声源辐射的声音将被两传声器反相拾取，所以传声器的前后方是有效的拾音区域，两侧形成的是反相区。声源在传声器的周围移动时，声像定位将发生明显变化。

  （1）当声源从 315°向 45°移动时，声源处在有效拾音区内，其辐射的声音被两只传声器的前瓣拾取，极性相同。经扬声器重放后，听音人感觉声像由左向右移动。

  （2）当声源从 45°向 135°移动时，声源处在反相区内（声影区），其辐射的声音分别被两只传声器的前瓣和后瓣拾取，极性相反。扬声器重放后，听音人无法定位声像。

  （3）当声源从 135°向 225°移动时，声源再次处于有效拾音区内，其辐射的声音被两传声器的后瓣拾取，极性相同。扬声器重放后，听音人感觉声像由左向右移动（同声源的移动方向相反）。

（4）当声源从225°向315°移动时，声源再次处于反相区内（声影区），其辐射的声音分别被两只传声器的后瓣和前瓣拾取，极性相反。扬声器重放后，听音人无法定位声像。

上述实验也可以证实，Blumlein拾音方式前后各自90°的范围内，两传声器拾取的声音信号极性相同，能作为有效的拾音区域。两侧的反相区会产生一种非常不自然的音响，在听音位置听音人无法对重放的声像进行定位，不能将两侧的反相区作为有效的拾音区域来拾取主要的声源辐射的声音。不过，也有例外的时候，录音师有时会专门利用这种特性来制作某种特殊的音响效果。

Blumlein两侧存在反相区这一特点，要求采用这种方式拾音的厅堂要有良好的声学特性和较大的空间，因为如果声源较宽，距离反射面较近，将可能有较强的反射声被反相区拾取。正常拾音时声源应当安排在拾音区内进行拾音，并将后区的声像反向叠加到前区。如果是在混响较为活跃的厅堂里利用后区拾音，这种反向将有可能使重放的空间感有所下降。Blumlein拾音方式的有效拾音角约为70°，这个角度接近于双声道立体声最佳听音位置上听音人相对于两扬声器间的角度，重放声像的方位分布也更接近于自然听音。固定的有效拾音角决定了这种方式只能通过改变前后距离来调整拾音范围，而相对较小的有效拾音角则使传声器经常被设置到距离声源较远的位置。如果是在混响时间较长的厅堂内拾音，Blumlein作为主传声器经常要考虑增加辅助传声器，否则将很难录制出乐队演奏的现场感和演奏的细节。

Blumlein拾音方式在20世纪30年代被提出，它具有准确和清晰的声像定位，单声道重放的兼容性也非常好。不过目前人们比较少采用这种方式拾音，主要原因是这种方式虽能够准确反映出厅堂的声学特性，但对厅堂的要求相对较高，只有在声源和厅堂的声学特性都比较理想的情况下，Blumlein方式才能取得比较好的效果。

五、MS拾音方式

MS拾音方式的理论最早也是由布鲁姆林提出的，但是直到十几年后，MS拾音方式才被丹麦国家广播电台的工程师劳瑞森（H. Lauridsen）应用于实践中。他设计这种拾音方式的初衷，是提供较好的单声道信号的同时获得良好的立体声效果，即希望立体声节目有更好的单声道重放兼容性。

同XY和Blumlein拾音方式一样，MS也是以声级差定位的立体声拾音技术。它由两只传声器组成，传声器的膜片同样需要在水平面上尽量重合。组成MS拾音方式的一只传声器M（Middle或Mono的缩写）可以采用任何一种指向性（最初是采用心形指向性），传声器的轴向指向声源中间，拾取前方总的声音信号，即声源左右方向的和信号；另一只传声器S（Side或Stereo的缩写）则必须采用8字形指向性，传声器的轴向指向左边，与M传声器的轴向垂直，主要拾取的是两边反射声和混响声比例较高的声音信号,即声源左右方向的差信号,如图 3-19 所示。

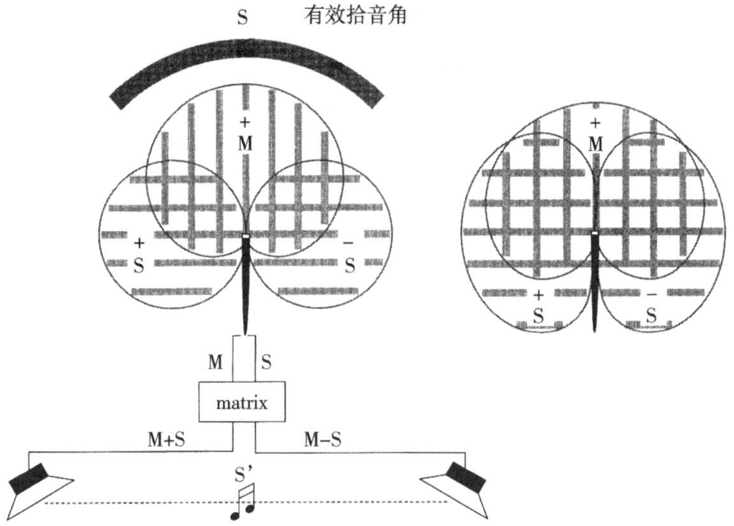

图 3-19 分别用线性坐标和极坐标表示的 MS 拾音方式

M 传声器拾取的和信号与 S 传声器拾取的差信号不能直接输出为立体声信号,要经过一个和差变换电路才成为双声道立体声的左右通路信号,其变换为:

左声道 =M+S,右声道 =M-S

MS 信号的和差变换电路可以用变压器代替,如图 3-20 所示。在实际应用中更便捷的方法是直接在调音台上完成和差变换,如图 3-21 所示。利用调音台进行和差变换时,M 传声器拾取的信号直接送入调音台,调音台上的声像电位器放在中间位置,使信号平均分配到立体声的左右声道;S 传声器拾取的信号需要分别送到两个输入通路,其中一路信号用声像电位器完全送到立体声的左声道,另一路信号需经反相后送到立体声的右声道。这样,左声道的信号为 M+S,右声道的信号为 M-S,即分别为立体声的左右声道信号。S 传声器的输出端可以用一条一进两出的"Y"形线将 S 信号分为两路,如果调音台上没有倒相开关,也可以在"Y"形线的一个输出端利用接线将 S 信号倒相。

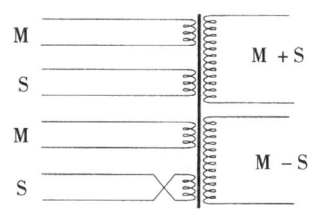

图 3-20 采用变压器矩阵进行和差变换

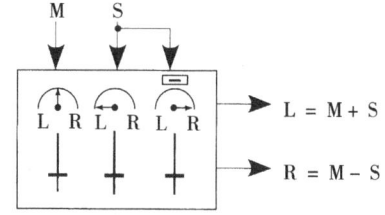

图 3-21 在调音台上进行变换

上述介绍的是 MS 拾音方式的工作原理,下面我们就传声器的指向性对其做进一步说明。如图 3-22 所示,M 传声器采用的是全指向传声器,M 传声器和 S 传声器的灵敏度相同。图 3-22

（a）显示的是M信号和S信号相加的情况，两个信号相加后将合成一个主轴指向左边、具有心形指向性的极坐标图，即左声道的极坐标图。图3-22（b）显示的是M信号和S信号相减的情况。M信号减S信号后，合成的是一个主轴指向右边、具有心形指向性的极坐标图，即右声道的极坐标图。由此可见，MS拾音方式经过和差变换后的结果，是MS拾音方式转换成了XY拾音方式。

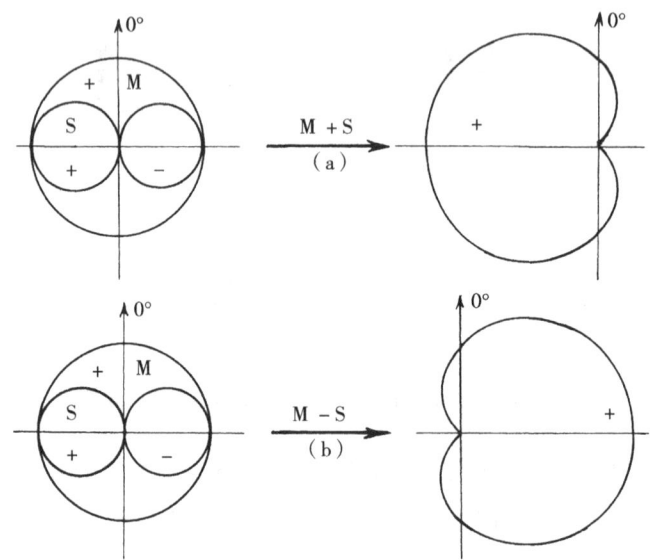

图3-22 M、S信号转换为左、右声道信号

MS拾音方式的S传声器只能采用8字形指向性，但M传声器可以采用任何指向性，M传声器和S传声器的相对灵敏度也可以改变。正是通过调整这两个变量，MS拾音方式具有了灵活便捷这个最大优点。通过改变M传声器的指向性，M信号和S信号和差变换后等效的X和Y传声器能呈现为各种指向性。在不改变传声器设置的情况下，通过改变S传声器和M传声器的相对灵敏度，MS拾音方式能改变其等效的X、Y传声器之间的轴向夹角和指向性，从而调整传声器的有效拾音角，控制重放声像的宽度，如图3-23所示。

图3-23（a）中，M传声器采用的是全指向传声器。当M传声器和S传声器的灵敏度相同时，等效的X、Y传声器的指向性为心形，彼此间的轴向夹角为180°。当S/M的相对灵敏度增大时，等效的X、Y传声器的指向性趋向于锐心形，相对灵敏度减小时，则趋向于阔心形。图3-23（b）中，M传声器采用的是心形传声器。当M传声器和S传声器的灵敏度相同时，等效的X、Y传声器的指向性为锐心形，彼此间的轴向夹角约为127°。当S/M的相对灵敏度增大时，等效的X、Y传声器的指向性趋向于8字形，轴向夹角呈现出逐渐增大的趋势，相对灵敏度减小时，则等效的X、Y传声器的指向性趋向于心形，轴向夹角呈现出逐渐减小的趋势。图3-23（c）中，M传声器采用的是8字形传声器。当M传声器和S传声器的灵敏度相同时，等效的X、Y两只传声器的指向性为8字形，彼此间的轴向夹角为90°，即Blumlein的拾音方式。当S/M

的相对灵敏度增大时，等效的 X、Y 两只 8 字形传声器间的轴向夹角将逐渐增大；相对灵敏度减小时，等效的 X、Y 两只 8 字形传声器间的轴向夹角将逐渐减小。

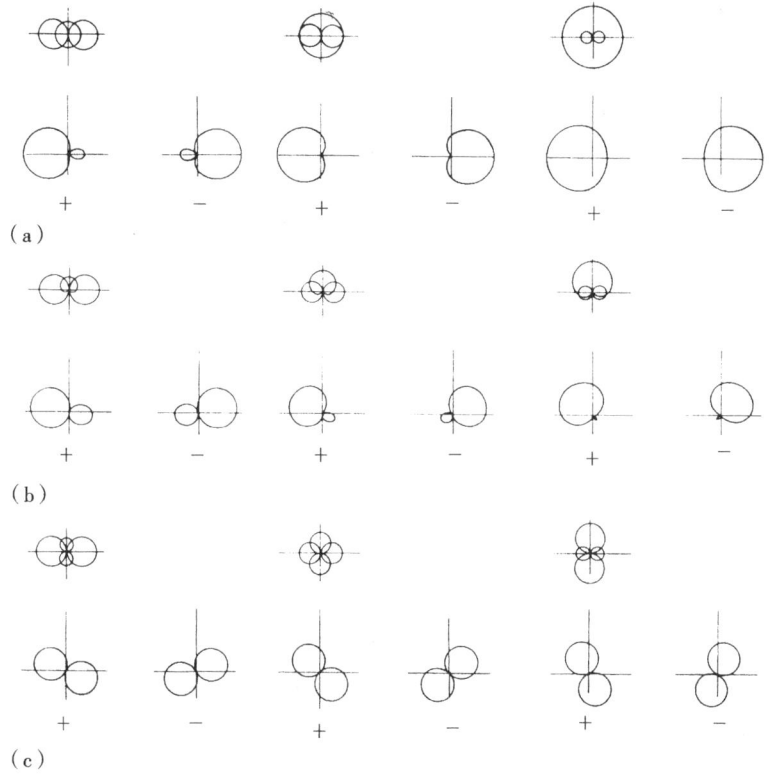

图 3-23 M 传声器的指向性和 S/M 的相对灵敏度与 XY 方式的转换关系（S/M 为 70:30，50:50，30:70）

采用 MS 方式拾音时，录音师在确定传声器相对于声源的距离后，通常要调整 S 传声器和 M 传声器的相对电平来控制其有效拾音角，对重放的声源进行声像定位。从上文可知，S/M 的灵敏度增大时，等效的 X、Y 传声器彼此间的轴向夹角也相应增大。因为 XY 拾音方式中传声器间的轴向夹角增大，其有效拾音角会逐渐减小，所以提升 S 传声器输出的信号电平，其有效拾音角将逐渐减小。表 3-4 中列出的，是 M 传声器采用心形指向性时，S、M 传声器相对电平与有效拾音角之间的关系。

表 3-4

S、M 传声器的相对电平	有效拾音角 α
−6dB	150°
−3dB	120°
0dB	90°
+3dB	60°

表 3-4 列出的相对电平是常用的调整范围，通常不能超过这个范围继续调整。如果 S、M 传声器的相对电平超过 3dB，继续提升 S 传声器的输出电平，则有效拾音角将进一步减小，影响拾音范围，同时，S 传声器输出的差信号将占到主导地位，过分地强调相位的不同，拾取过多的反射声和混响声。如果 S、M 传声器的相对电平超过 –6dB，继续减小 S 传声器的输出电平，有效拾音角将会超过 150°，而心形传声器的拾音角只有 130°，两侧的声源将超出这个拾音范围，致使两侧的声音信号出现明显衰减问题。

需要注意的是，在指向性的极坐标图中，从极点到 M 传声器与 S 传声器两交点所形成的夹角被称为 MS 拾音方式的最大包容角。图 3-24 显示了当 M 传声器为心形传声器，S、M 传声器在不同的相对电平下，MS 拾音方式的最大包容角。因为 8 字形传声器前瓣和后瓣的极性相反，所以在最大包容角以内拾音时，和差变换后的和分量与差分量能够保持同相；而在该角度之外拾音时，和分量与差分量将出现反相。所以，无论 S、M 传声器的相对电平是多少，声源都不能超出有效拾音角而设置在最大包容角之外，否则重放的声像将无法被定位。

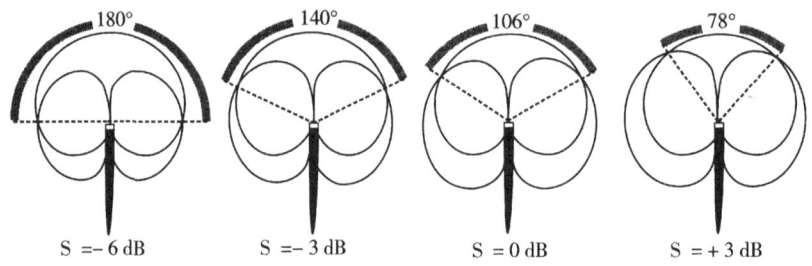

图 3-24 M 传声器为心形指向性时的最大包容角

当 M 传声器采用全指向传声器时，拾音范围可以扩展到 360°。由于等效的 X、Y 传声器是前后对称的，所以其前后声源的声像关系也将一致。表 3-5 列出的，是不同 S、M 传声器的相对电平所对应的有效拾音角。图 3-25 是 M 传声器为全指向传声器时的最大包容角。

表 3-5

S、M 传声器的相对电平	有效拾音角 α
−6dB	180°
−3dB	150°
0dB	110°
+3dB	70°

MS 拾音方式具有最好的单声道重放兼容性，这是该拾音技术被开发的初衷。之所以该拾音技术有如此好的单声道重放兼容性，主要原因在于，尽管 MS 的立体声拾音技术可以有诸多的调整和变化，但立体声的左右声道混合后进行单声道重放时 [即（M+S）+（M−S）

=2M〕，S传声器拾取的信号将被完全抵消，只剩下 M 传声器拾取的信号。因此 MS 拾音方式的兼容性优于 XY 方式，更适合广播电视的现场实况录制。这种抵消将使信号中的反射声和混响声下降，有助于改善单声道节目的清晰度。MS 拾音方式还可以广泛应用在立体声影视节目的录音中，在节目录像过程中，可将没有解调的和信号和差信号分别录制到录像机的两个声道上，同时用 M、S 解调矩阵来监听。其最大的优势在于，后期制作时可根据不同的景别来调整立体声的声像宽度，有效保证声画空间的统一。

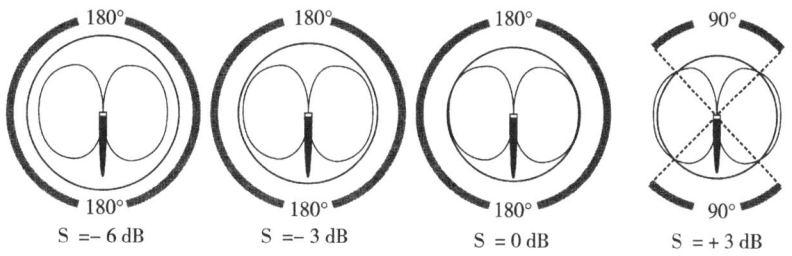

图 3-25 当 M 传声器为全指向性时的最大包容角

MS 方式拾取的 M 信号和 S 信号经过和差变换后，等效于相应的 XY 拾音方式，但独特的传声器选择和设置方式，决定了这种方式相比 XY 拾音方式具有更多的优点。

（1）MS 拾音方式的 M 传声器可采用全指向传声器，而 XY 方式基本采用具有指向性的传声器。全指向传声器具有良好的低频响应，因此 MS 拾音方式的低频响应要优于 XY 方式，能够获得相对丰满的声音效果。

（2）MS 拾音方式可以通过调整 S、M 传声器的相对电平，改变等效 X、Y 传声器的轴向夹角，通过调整传声器的有效拾音角控制重放声源的声像宽度，并能在后期制作过程中进行反复修改和调整。XY 方式的调整就要受到很多限制，在拾音现场录制人员只能通过调整传声器来改变彼此间的轴向夹角，录制完成的内容将不能再次进行修改。

（3）当 S、M 传声器的相对输出电平较小时，MS 拾音方式可以获得比 XY 方式更大的有效拾音角，这意味着 MS 拾音方式可以在相对声源更近的距离上设置传声器，拾取到具有更高清晰度、更多声音细节和动态范围更大的声音信号。

（4）MS 拾音方式的 M 传声器是正对声源中心设置的，传声器的轴向直接拾取中间相对重要的声音，其他方向上声源辐射的声音到达传声器也更接近传声器的主轴。而 XY 方式的传声器主轴分别指向两侧。通常传声器的主轴方向会有更好的频率响应，所以 XY 拾音方式容易由于传声器的离轴响应不好，造成声染色现象。

（5）MS 拾音方式的 M 和 S 传声器分别对称地设置在声源中间，而 XY 拾音方式以传声器轴向对称的方式设置在声源的前方，所以 MS 拾音方式有效避免了传声器性能不匹配导致的立体声效果下降，能在立体声的左右声道间获得更加一致的频率响应。

作为声级差定位的立体声拾音方式，MS 方式同 XY 方式一样能够获得清晰和稳定的声像定位,但都存在空间感相对不足的问题。在现代音乐音响美学的观念中,空间感已经成为音乐音响和情感表达的重要组成部分,理想的立体声效果应忠实再现厅堂效果,特别是具有优秀声学条件的厅堂效果。这就既要求重放的声音信号有一定的清晰度,保证人们听到各声部或各种声音,又要重放的声音信号有演出现场的空间效果。为了解决声级差定位的拾音方式存在的这个问题,克里斯辛格提出将左声道和右声道的差别做适当的低频提升,有助于声级差拾音方式提高重放的空间感和纵深感,同时不影响原有的声像质量。在使用声级差定位方式进行立体声拾音时,录音师通常会采用增加混响传声器的方式改善重放的空间感。对于MS拾音方式来说,还可以在两传声器拾取的信号间加入适当延时来提高节目的空间效果。

第三节 时间差定位的立体声拾音技术

时间差定位的立体声拾音技术建立在时间差对人耳的定位作用的基础上。这种拾音技术通常采用两只传声器,彼此间隔一定的距离,平行设置于声源的前方。声源到传声器的距离远大于传声器间的距离,以保证由两传声器间的距离造成的声级差可以忽略不记。时间差定位的立体声拾音技术即通常所讲的小AB拾音方式。

一、时间差定位的声像估算

采用时间差定位的拾音技术时,两传声器之间的距离是关键参数。在已知传声器之间的距离和声源入射角的情况下,可根据这些参数计算出两通路间的时间差,并根据前述的实验结果近似估算出声像的定位情况。图3-26是两只传声器平行设置的拾音情况,两只传声器均为全指向传声器,声源位于传声器拾音位置的右侧。由此,我们可以计算出声源辐射的声音到达两传声器间的时间差为:

$$\Delta T = \frac{\sqrt{D^2 + [(S/2) + D\tan\alpha]^2} \sqrt{D^2 + [(S/2) - D\tan\alpha]^2}}{C}$$

上式中:ΔT为两通路间的时间差;D为声源到传声器的垂直距离;S为两传声器间的距离;α为声源入射角;C为声速。当两传声器之间的距离比较小时,上式可以简化为:

$$\Delta T = \frac{S \cdot Sin\alpha}{C}$$

类似于声级差定位的情况,在不同的测试环境下,人耳在两扬声器间进行声像定位所需的时间差也有一定的变化范围,通常为1~2ms,所以估算值和实际的数值会有一定误差。估算假设了传声器具有理想的指向性,指向性不随频率发生变化。实际上,全指向性传声器在高频段也有较强的指向性,对于高频成分较多的乐器,声级差也将起到定位作用。

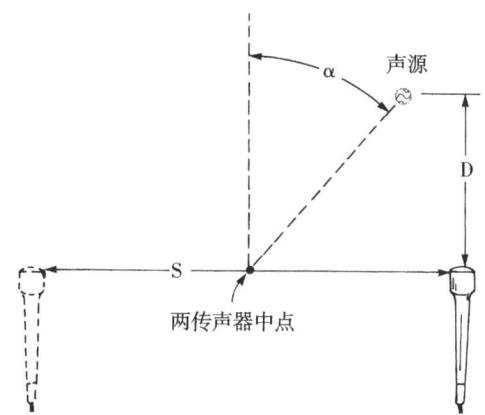

图 3-26 S 为两传声器间的距离，α 为声源入射角

二、时间差定位的拾音方式

时间差定位的拾音方式通常采用两只全指向传声器，两传声器平形设置，传声器间的距离为几十厘米左右。由于估算方法有较大误差，传声器组合的有效拾音角多以实际测试的结果为准。

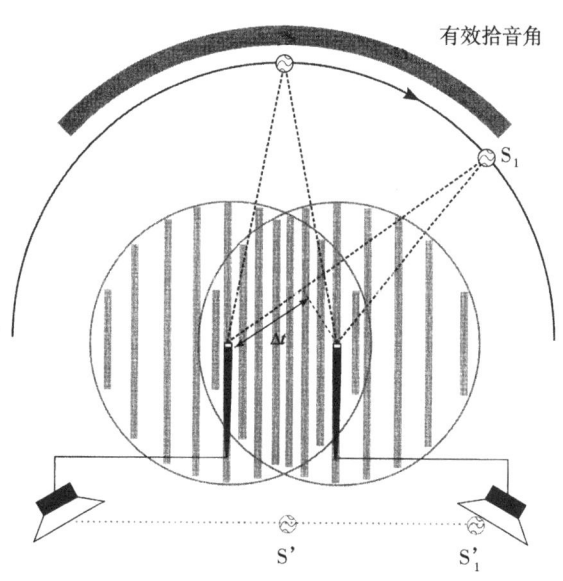

图 3-27 时间差定位的拾音方式

图 3-27 为以时间差定位的拾音方式的拾音情况。从图中可以看出，当声源位于两传声器的垂直平分线上时，声源辐射的声音到达两传声器的距离相等，两传声器拾取的信号间没有延时，即时间差为零，重放的声像将定位于两扬声器的中间，即图中的 S'。当声源沿着弧线向右移动时，声源将先到达右传声器，两传声器拾取的信号间产生时间差。随着声源的移动，声源到达两传声器的距离差将逐渐增大，传声器间的时间差也相应增

加。在两传声器间距产生的声级差忽略不计的情况下,重放的声像将在时间差的作用下逐渐向右扬声器移动。类似于声级差的拾音方式,时间差定位的立体声拾音技术也可以视作将声源的方位"编码"成两通路间的时间差,重放听音过程,是大脑将时间差"解码"成两扬声器间相应的声像定位的过程。

图3-27中,当声源向右移动,两传声器间的延时到达1.1ms时(设声像定位在扬声器上所需的时间差为1.1ms),即S_1处的位置,声像将定位到右扬声器上,S_1处的位置也是要确定的有效拾音角。当声源超过该点继续向右移动时,则声像继续停留在右扬声器。

在时间差定位的拾音方式中,传声器间距是最重要的调整参量,它将直接影响到传声器的有效拾音角和扬声器重放后的声像定位。如图3-28所示,如果声源在S_1处保持不变,减小两传声器的间距,声源到达两传声器的距离差将缩小,两传声器间的时间差也随之减小,听音人会感觉重放的声像向两扬声器的中间移动。为了使两通路间再次获得1.1ms时间差,使声像重新定位在右扬声器,声源必须超过S_1(到达S_2)继续向右移动。从这个过程可以看出,减小传声器的间距,将增大有效拾音角。

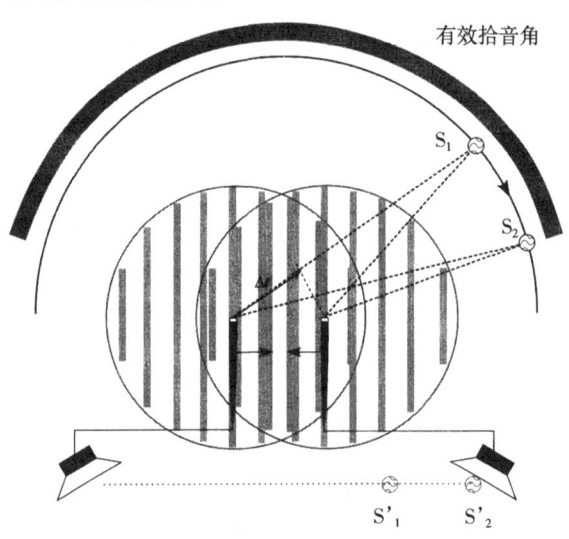

图3-28 减小两传声器之间的距离,增大有效拾音角

表3-6

传声器间的距离	有效拾音角α
50cm	130°
45cm	140°
40cm	150°
35cm	160°
30cm	170°
25cm	180°

表 3-6 提供了时间差定位常用的传声器间距。通常，传声器之间的距离不能超过这个范围产生明显的增加或减小，否则将破坏重放立体声声像的自然度和平衡感。如果传声器之间的距离小于 25cm，如图 3-29 所示，两传声器间没有足够的时间差，容易造成立体声声像太窄、声像不能定位在两侧的扬声器上的情况。如果传声器之间的距离大于 50cm，距离差造成的声级差不能被忽略，并逐渐在声像定位中发挥作用。另外，传声器之间的距离过大，声源重放容易出现中间空洞现象，声像会过于集中在两侧的扬声器附近。

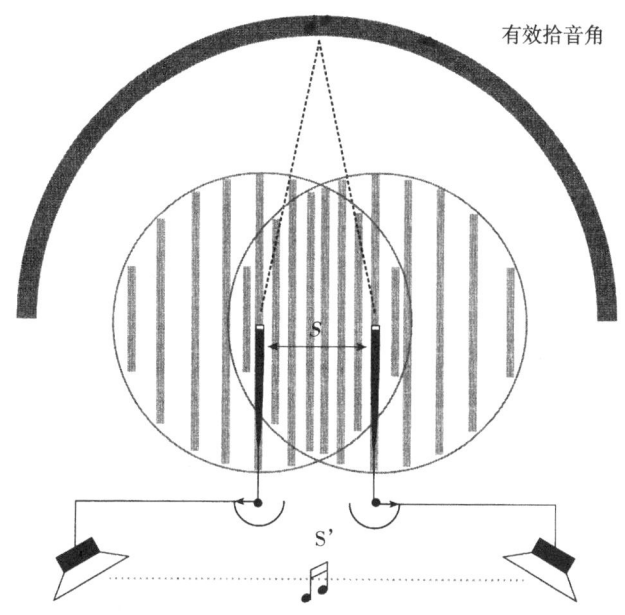

图 3-29 时间差拾音方式，两传声器间的距离为 25cm，有效拾音夹角为 180°

时间差定位的拾音方式较适合于混响浓中的厅堂。这种方式拾取的混响信号具有随机的相位关系，重放的声音能够有较好的空间感和融合度，总体呈现出比较温暖的感觉。由于采用的是全指向传声器，传声器有比较充分的低频响应，声音形象比较丰满，特别适合录制交响乐和管风琴等古典音乐。便捷的传声器设置和良好的总体效果也使这种方式在某些录制环境和追求某些音响效果的时候被广泛应用。全指向传声器有效避免了指向性传声器常见的低频近讲效应。虽然时间差定位的拾音方式经常被设置在距离声源较远的位置，但在录制钢琴等独奏乐器时拾音距离要近很多。这种拾音方式还有有效拾音角相对较大的特点，拾音距离可达几十厘米左右，传声器设置在距离声源较近的位置时，重放的立体声声像会相对靠前，带来较强的现场感。

时间差定位的拾音方式主要缺点是声像定位的效果不理想，只能在声源的瞬态上有可能获得比较精确的声像定位。往往近处的声源定位清晰，持续的长音或距离较远的声源容易随着声源频谱变化产生声像飘移现象，这主要是由两只传声器之间的距离造成的。

另外，时间差的存在也将导致梳状滤波器效应的发生，如图 3-30 所示。因为电路上的叠加比声学上的叠加效果更明显，所以当立体声信号进行单声道重放时，产生的梳状滤波器效应将更明显。

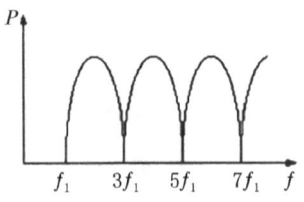

图 3-30 梳状滤波器效应

第四节 时间差和声级差定位的立体声拾音技术

时间差和声级差定位的拾音技术是指时间差和声级差共同作用，对重放声源进行声像定位的拾音技术。它不单纯采用声级差或者时间差进行定位，而是在两种方式的基础上做了折中处理。从人耳对真实声源进行定位的情况来看，这种拾音技术更接近人耳听觉的工作原理。

一、近重合式拾音方式

近重合式拾音方式以重合式拾音方式为基础，将两只具有指向性的传声器拉开一定距离，传声器的轴向彼此张开一定角度，对称设置于声源前方。当传声器之间存在距离后，传声器拾取的信号间就不仅有声级差，还包含了时间差，声源重放的声像定位也由扬声器间的声级差和时间差共同作用来实现。这种方式的传声器间距通常较小，所以通路间的声级差主要由传声器的指向性和轴向夹角确定，时间差由传声器之间的距离来确定，如图 3-31 所示。类似于前述的估算声像定位方法，近重合式拾音技术的声像定位也可以由声级差和时间差来分别估算，得到大致的声像定位情况。

在图 3-31 中，两传声器之间的夹角为 θ，传声器之间的距离为 S。当声源位于两只传声器的垂直平分线上时，传声器拾取的信号将完全相同，既没有时间差，也不存在声级差，声像 S' 定位于两只扬声器连线的中点。当声源沿圆弧向右移动时，类似于声级差定位的拾音方式，声源将逐渐接近右传声器的主轴方向，同时远离左传声器的主轴。右传声器输出的电平将逐渐增大，左传声器输出的电平逐渐减小，扬声器间重放的声音信号声级差也将逐渐增大，重放的声像将逐渐向右移动。同样，类似于时间差定位的拾音方式，声源向右移动后将先到达右传声器，两传声器拾取的信号间将产生时间差。随着声源的移动，传声器间的距离差将逐渐增大，传声器间的时间差也随之增加，声像也将向右扬声器方向移动。

当声源到达 S_1 的位置时，在两通路间时间差和声级差的综合作用下，声源的声像会定位在右扬声器上，S_1 的位置即为确定的有效拾音角处。如果声源超过 S_1 的位置继续向右移动，则声像将继续固定于右扬声器。

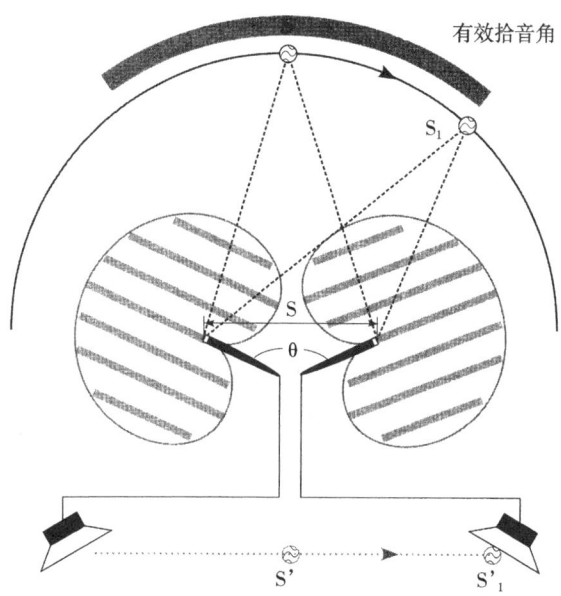

图 3-31 时间差和声级差定位的拾音技术

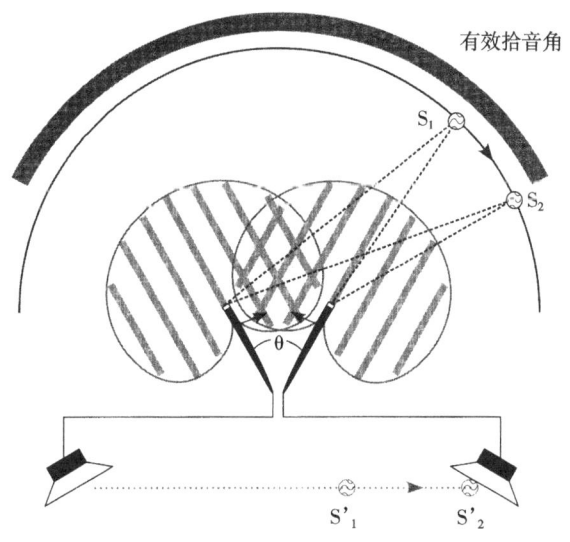

图 3-32 减小两传声器间距和轴向夹角，增大有效拾音夹角

近重合式拾音方式的声像定位包含声级差和时间差两个要素，两个要素的成因分别归属于传声器的间距和轴向夹角，这就使传声器的设置和调整变得更加复杂。如上所述，在重放声像定位于右扬声器的情况下，如果声源在 S_1 的位置保持不变，减小两传声器之间的距离和轴向夹角（如图 3-32 所示），两传声器输出的电平差和两传声器间的时间差也将随

之减小，扬声器重放的声像将由右扬声器向两扬声器连线的中点移动。若要声像继续保持在右扬声器，只有继续移动声源，超过 S_1 的位置（到达 S_2），两通路间才能获得足够的声级差和时间差，使声像 S'_2 定位于右扬声器。因此，减小两传声器之间的距离和轴向夹角，将增大近重合式拾音方式的有效拾音角，反之亦然。

在实际应用中，使用声级差和时间差共同作用的拾音方式时一般录音师不会同时调整传声器的间距和轴向夹角。对于重放的声像定位而言，任何一个参量的调整都会起到相同的作用，两个参数同时调整就容易造成混乱，难以判断具体的调整和声像变化之间的关系。实际有效的调整方法是分别对某个参量进行调整，如保持传声器间距不变调整轴向夹角，或者保持轴向夹角不变调整传声器间距。根据声像定位的变化情况，如有需要可在调整某个参量的基础上对另一个没有变化的参量进行调整。不论是减小传声器的间距和轴向夹角还是增大传声器的间距和轴向夹角，对改变有效拾音角的作用相同，不是增大就是减小整体的有效拾音角。如果两个参数按照不同的作用同时调整，则有可能有效拾音角仍保持不变。如图 3-33 所示，当传声器的间距为 10cm，轴向夹角 130°，获得的有效拾音角约为 100°。当传声器的间距增大到 30cm，轴向夹角减小到 50°，两通路间的时间差被增大，声级差被减小，获得的有效拾音角将仍为 100° 左右（如图 3-34 所示）。这种调整方式的优势是在有效拾音角能较好覆盖整个声源的情况下，录音师可以根据现场的声学环境和重放声音对传声器的设置进行调整，在保证重放声源能够充分定位于扬声器间的情况下，改善重放声音信号的立体声效果。

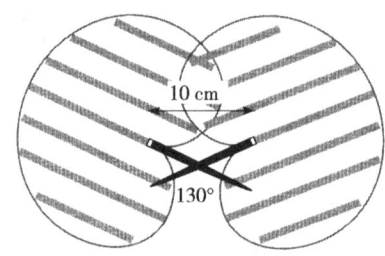

图 3-33 传声器间距离为 10cm，轴向夹角 130°，有效拾音角约为 100°

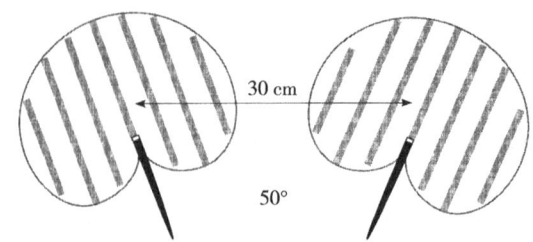

图 3-34 传声器间距离为 30cm，轴向夹角 50°，有效拾音角约为 100°

从上述的分析和结果可以看出，特定的有效拾音角可以由传声器输出的不同电平差和时间差组合而成，具体操作可以通过调整轴向夹角和传声器间距来实现。当有效拾音角约为 100° 时，两者间关系可以用曲线图表示，如图 3-35 所示。该图是由亨利·梅腾斯（Henri Mertens）、卡尔·塞恩（Carl Ceoen）和迈克·威廉姆斯（Mike Williams）首先提出的。

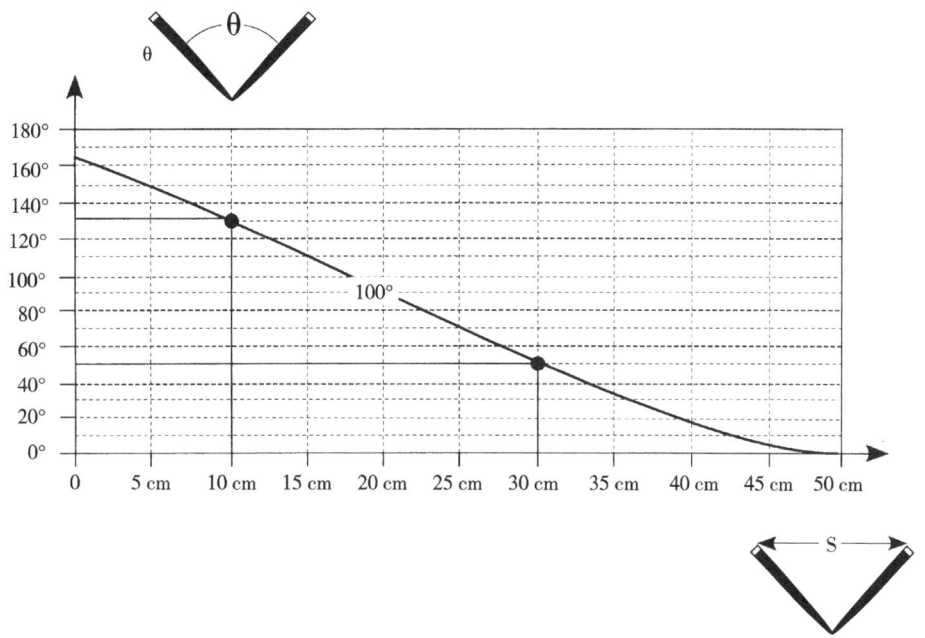

图 3-35 有效拾音角为 100° 时，传声器间的距离与轴向夹角的关系

在图 3-35 中，纵坐标表示的是两传声器间的轴向夹角，横坐标表示的是两传声器间的距离。图中两点（130°/10cm 和 50°/30cm）具有相同的有效拾音夹角 100°，而且通过两点的曲线上的各点，有效拾音夹角均为 100°。通过曲线图我们可以直观地看出，通过改变传声器间的轴向夹角 θ 和传声器间的距离 S，可以调整传声器的有效拾音角，调整传声器拾音的覆盖范围。另外，我们还可以通过调整传声器的指向性（阔心形、心形或超心形传声器）来调整有效拾音角。

近重合式拾音方式的传声器设置有一定的调整限度，两只传声器的间距和轴向夹角不能超出相应的范围，否则将影响重放立体声的声像平衡和听觉效果等。选用心形传声器时，传声器轴向夹角的选择范围为 50°~130°，传声器的间距需控制在 35cm 以内。两传声器的间距趋向于零，拾音方式将逐渐趋向于 XY 拾音方式。跟 XY 拾音方式相同的原因，轴向夹角的上限定为 130° 是为了避免中间声源处在心形传声器的拾音角以外，导致出现中间信号明显衰减的情况。如图 3-36 所示，轴向夹角为 150°，声源 S 已经超出了心形传声器的拾音角。如果两传声器的轴向夹角小于 50°，则两侧的声源将处于心形传声器的拾音角以外。如图 3-37 所示，当传声器的轴向夹角为 30°，两旁的声源 S 超出了心形传声器的拾音角。

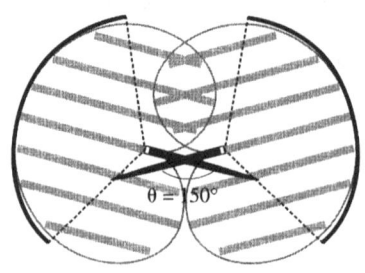

图 3-36 传声器间的轴向夹角大于 130°（θ=150°）

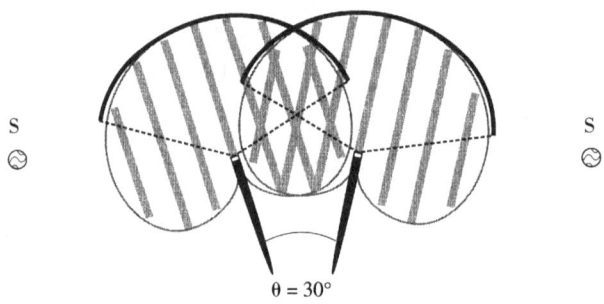

图 3-37 传声器间的轴向夹角小于 50°（θ=30°）

推荐 35cm 的传声器间距上限主要出于两个方面的考虑：一方面是在此范围内拾取的立体声节目信号能获得较好的单声道重放兼容性，如果传声器间距再大，将出现明显的梳状滤波器效应；另一方面是在此范围内可避免重放的声像过于集中在两边扬声器，出现中间空洞现象。在仅以时间差定位的情况下，当时间差小于 0.7ms 时，时间差与声像方位之间才能保持线性关系。当两传声器间距为 35cm，轴向夹角为 90°，声源方位角为 45° 时，两传声器间的时间差恰好为 0.7ms，如图 3-38 所示。如果超过 35cm，传声器间距继续增大，时间差与声像方位将呈现出非线性关系。

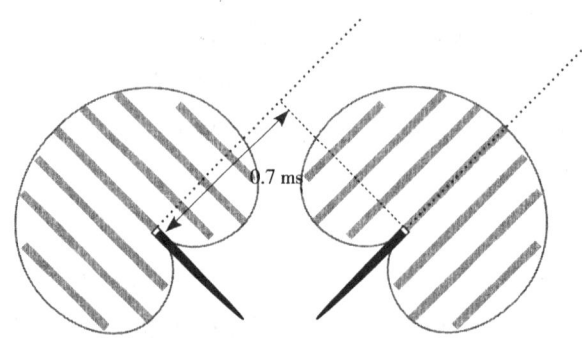

图 3-38 传声器间的距离为 35cm，声源方位角为 45° 时，时间差为 0.7 ms

以时间差和声级差共同作用定位的有效拾音角，是两传声器间的轴向夹角 θ 和传声器间距 S 两个变量的函数。考虑到轴向夹角和传声器间距的极限情况，其有效拾音角的范围应在 60°~180° 之间。要增大传声器的有效拾音角，可以通过减小轴向夹角，或者减小两传声器的间距来实现，反之亦然。图 3-39 显示了采用心形传声器时，不同的有效拾音角与其轴向夹角和传声器间距之间的关系，也是具体应用中适于采纳的传声器设置方式。图中的阴影区为中间声源出现明显衰减（轴向夹角 θ>130°）以及两侧声源衰减明显（轴向夹角 θ<50°）的区域，该区域内的传声器设置方式不推荐使用。

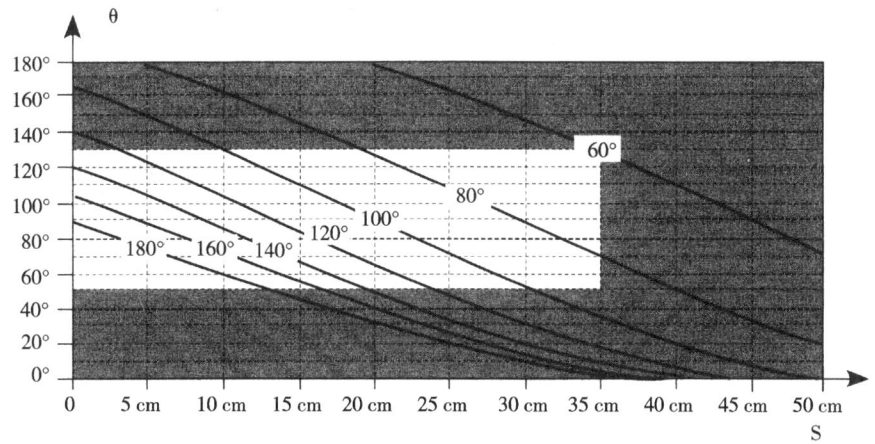

图 3-39 采用心形传声器时，对于不同的有效拾音角，其轴向夹角和传声器间距之间的关系

图 3-39 显示了采用心形传声器时，以声级差和时间差共同定位的传声器设置情况。在确定的有效拾音角上，曲线清楚地反映了传声器间的轴向夹角和传声器间距的关系以及推荐使用的传声器设置方式。表 3-7 展示了当传声器间距 S=17cm 时轴向夹角 θ 和有效拾音角 α 之间的关系。

表 3-7

传声器间轴向夹角 θ	有效拾音角 α
130°	80°
110°	90°
90°	110°
70°	130°
50°	160°

锐心形传声器具有更强的指向性，灵敏度衰减 3dB 时的拾音角为 105°，小于心形传声器的 130°。根据前面的讨论可知，近重合式拾音方式选择锐心形传声器时，传声器的轴向夹角 θ 的常用范围为 40°~105°，两传声器间的距离应小于 35cm。图 3-40 显示了不同的有效拾音角上，传声器的轴向夹角和传声器间距之间的关系曲线，阴影部分为不推荐的传声器设置方式。

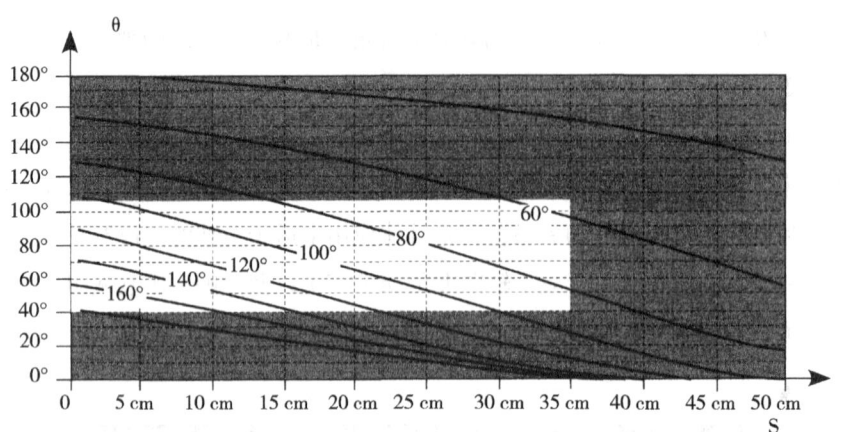

图 3-40 采用锐心形传声器时，对于不同的有效拾音角，其轴向夹角和传声器间距之间的关系

阔心形传声器的指向性相对较弱，更接近于全指向传声器。当它的灵敏度衰减 3dB 时拾音角为 160°，明显大于心形传声器的 130°。当近重合式的拾音方式选择阔心形传声器时，传声器轴向夹角 θ 的常用范围为 40°~160°，两传声器间的距离应小于 40cm。图 3-41 显示了不同的有效拾音角上，传声器的轴向夹角和传声器间距之间的关系曲线，阴影部分为不推荐的传声器设置方式。

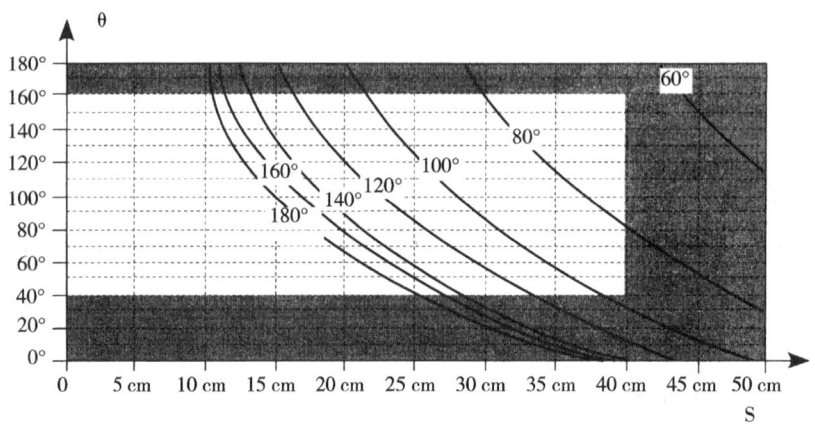

图 3-41 采用阔心形传声器时，对于不同的有效拾音角，其轴向夹角和传声器间距之间的关系

显然，基于声级差和时间差共同作用实现人耳对重放声源的声像定位，近重合式拾音方式的传声器设置相对复杂，可供调整的设置参量也相对更多。一方面，近重合式拾音方式能提供更多的变化性和更多的技术形式；另一方面，它也使实际的工作更加复杂。因此，在 20 世纪 50 年代，为了满足广大录音师的需要，工程师们通过大量的实验，在众多的选择中总结出一些拾音效果较为理想的拾音方式，下面将分别予以介绍。

1. ORTF 拾音方式

ORTF 拾音方式由法国无线广播电视协会首先创立并推广使用。它采用两只心形传声器，传声器间的距离为 17cm，轴向夹角为 110°，有效拾音角大约为 90°，如图 3-42 所示。

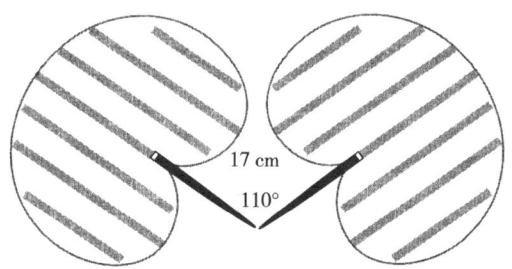

图 3-42 ORTF 拾音方式

某种程度上，ORTF 拾音方式近似于人耳听觉的情况，17cm 的传声器间距接近于人的两耳间距，110° 的轴向夹角近似等于耳壳的张角。它的创始人孔达米纳（R.Condamines）认为，传声器的间距为 17cm 时，可以有效保证重放声像的稳定。在这个传声器间距的基础上，110° 的轴向夹角能获得最准确的声像定位。当轴向夹角小于 110° 时，有效拾音角将会增大，容易出现声像宽度不够的问题，大于 110° 则容易造成中间空洞效应。ORTF 拾音方式可以通过对传声器的设置来实现。有的品牌将两只传声器的膜片固定在相同的支架上，并提供多种指向性的传声器头。如图 3-43 所示，组合好的 ORTF 传声器省去了设置和安装传声器的操作，而且传声器间的轴向夹角和传声器间距更加准确，有效拾音角不会发生变化，使用起来也更加方便。

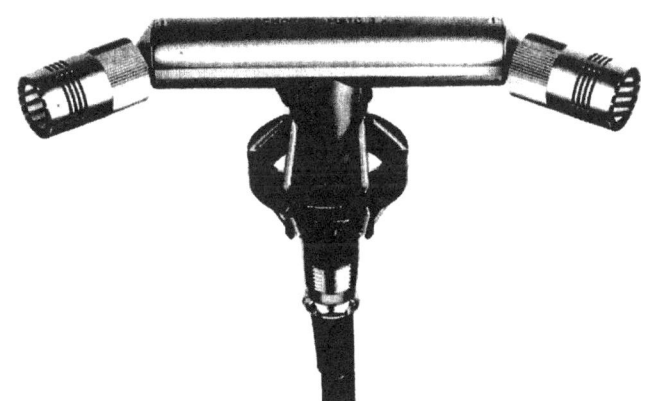

图 3-43 ORTF 传声器

实践证明，ORTF 拾音方式在声像定位的准确性、空间感和温暖感上做了很好的折中，整个声场相对比较平衡，具有较好的单声道重放兼容性。它是欧洲较为流行的一种拾音方式，被广泛应用于音乐录音和影视录音等各个领域。

2. NOS 拾音方式

NOS 拾音方式由荷兰广播基金的工程师们首先创立。它同样采用心形传声器，两传声器间的距离为 30cm，轴向夹角为 90°，有效拾音角大约为 80°，如图 3-44 所示。

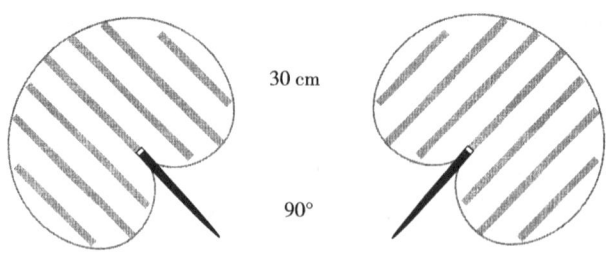

图 3-44 NOS 拾音方式

相较于 ORTF 拾音方式，NOS 拾音方式的传声器间距有所增大，轴向夹角相应减小，有效拾音角也有所减小。相对较小的有效拾音角，能让重放的声源具有更宽的声像定位。相对增大的传声器间距则使 NOS 拾音方式的单声道兼容性比 ORTF 方式有所下降。NOS 拾音方式的相位差在 250Hz（中央 C 附近）左右开始比较明显，而 ORTF 方式要高两个倍频，大约在 1kHz 左右才开始比较明显，主要原因是 NOS 拾音方式的传声器间距要比 ORTF 大。

3. DIN 拾音方式

DIN 拾音方式由西德广播电台和德意志唱片公司首先采用。这种拾音方法近似于 ORTF 拾音方式，因此其性能和优缺点与 ORTF 方式也基本相同。它也采用两只心形传声器，但传声器间距不是 17cm，而是 20cm，传声器的主轴夹角是 90°，其有效拾音角为 100° 左右，如图 3-45 所示。

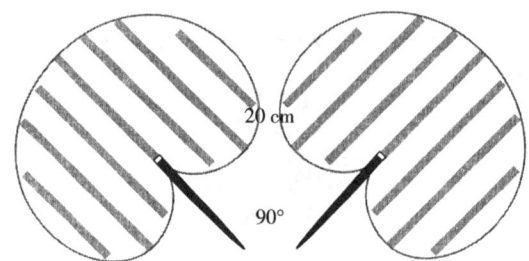

图 3-45 DIN 拾音方式

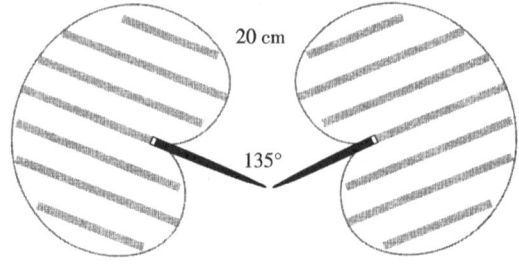

图 3-46 OLSON 拾音方式

另外，在近重合式拾音方式中，OLSON 和 RAI 拾音方式的应用也较为广泛，如图 3-46 和 3-47 所示。OLSON 拾音方式由奥尔森（Olson）首先提出，传声器间的距离为 20cm，轴向夹角为135°，有效拾音角约为80°。RAI拾音方式由意大利广播公司首先使用，传声器间的距离为21cm，轴向夹角为100°，有效拾音角约为90°。

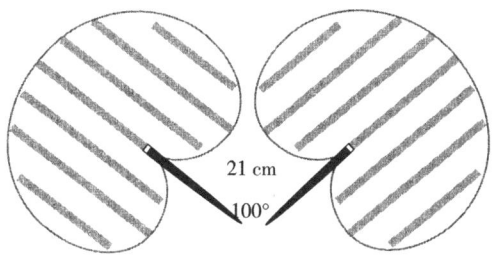

图3-47 RAI拾音方式

以上各种拾音方式的有效拾音角约为80°~100°。如果我们在图3-39所示的曲线中标出这些拾音方式的相应位置，就可以得到如图3-48所示的曲线图。图中各种拾音方式恰好处在前面讨论的轴向夹角和传声器间距的选择范围以内，所以采用这些方式拾音时不会出现很大问题。根据实际的现场声学条件和具体声源的情况选择适当的拾音方式，就可能获得较为理想的立体声效果。

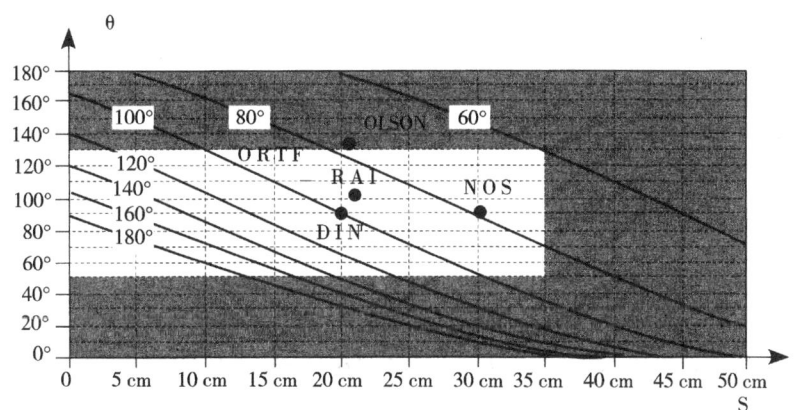

图3-48 各种近重合式拾音方式在图3-39中的位置

二、大AB拾音方式

大AB拾音方式是相对于小AB拾音方式而言的。大AB拾音方式一般采用两只全指向传声器，平行置于声源的前方。两种拾音方式的主要差别在于大AB拾音方式的传声器间距要远远大于小AB拾音方式的传声器间距，因此大AB拾音方式的两传声器间的距离所造成的声级差就不能忽略不计。

图3-49为采用大AB方式进行拾音的情况。类似于小AB的拾音方式，当声源位于两传声器的垂直平分线上时，传声器将拾取到完全相同的声音信号，重放的声像位于两扬声器连线的中点。当声源离开中心位置向右移动时，重放的声像将逐渐接近右传声器。由于

声波在传播过程中的能量与传播距离形成反比，传声器间的距离将在两通路间形成声级差，并将同通路间的时间差一起发挥作用，对重放的声源进行声像定位。从实际的应用情况来看，大 AB 拾音方式的传声器间距往往可以和声源的宽度相比较，因而在这种情况下讨论有效拾音角并不恰当，应称之为有效拾音区域。如图 3-49 所示，图中两只全指向传声器的间距为 1m，大 AB 拾音方式的有效拾音区域非常狭窄，所以这种方式适合在距声源较远的位置，拾取有较大纵深的声源辐射的声音（例如后纵深较大的舞台）。

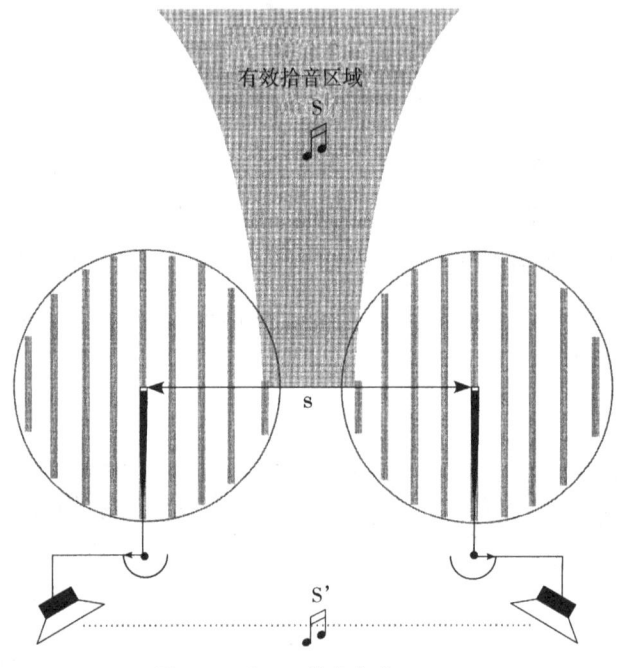

图 3-49 大 AB 拾音方式，s=1m

在实际应用中，组成大 AB 拾音方式的传声器间距经常远大于 1m，有时为了获得较大的空间感，同时将声像充分定位到两扬声器间，传声器的间距甚至会达到几米。这种强调宽度的拾音方式，能使传声器更充分地拾取到两侧声源辐射的声音，使两侧的声源拥有更大的声压级。而且两侧的声源更接近于传声器，它们辐射的声音会先于中间的声音到达传声器。扬声器重放后，两侧的声像集中在左右扬声器附近，中间声源的能量相对较弱，会出现中间空洞现象。为避免出现这种情况，通常可在两只传声器中间增加一只与左右两侧的传声器完全一致的传声器，并将该传声器拾取到的信号平均分配到左、右声道中，弥补中间声像的衰落，将靠后的声像恢复到与左右平衡的位置。著名的唱片公司 TELARC 就经常以这种方式作为主传声器，另外再设置一些辅助传声器来录制交响乐等古典音乐。

如果拾音现场的噪音比较大，或者传声器需要设置在较远的位置上，为了有效抑制现场噪声，可以拾取前方的主要声源辐射的声音，同时提高声音信号的清晰度；也可以考虑采用心形或锐心形传声器代替全指向传声器，这时传声器间的距离应当更近些，并需要考虑到传声器的离轴响应，防止发生声染色现象。

大 AB 拾音方式在美国应用较为广泛。虽然声像定位的效果不是特别好，但是它具有很好的空间感，声音比较温暖。这种音响特点有利于促进音乐情感的表达，以这种方式录制的古典音乐也受到很多听众的青睐。传声器间距较大的突出问题是单声道重放的兼容性比较差，因此设置传声器时应当特别注意，特别是在增加第三只，甚至第四只传声器弥补中间信号不足的情况下，由时间差造成的梳状滤波器效应也将被叠加，声音信号间的相位抵消问题会更加复杂。图 3-50 是采用三只传声器拾音时，传声器两两之间产生的梳状滤波器效应。图 3-51 是采用四只传声器拾音时，传声器两两之间产生的梳状滤波器效应。每增加一只传声器都会加剧声音信号之间的相互作用，破坏立体声节目的兼容性。

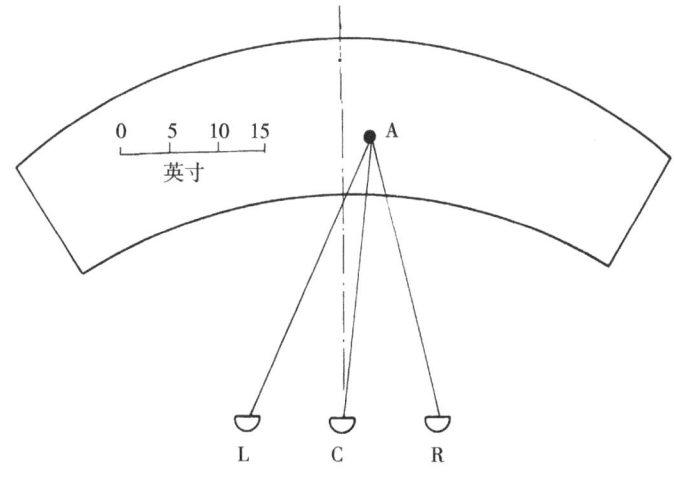

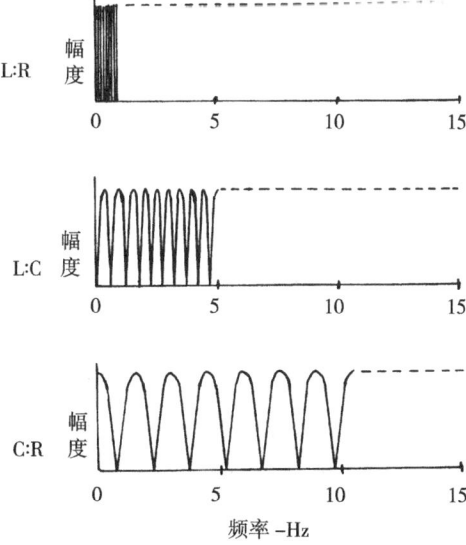

图 3-50 三只传声器间的梳状滤波器效应

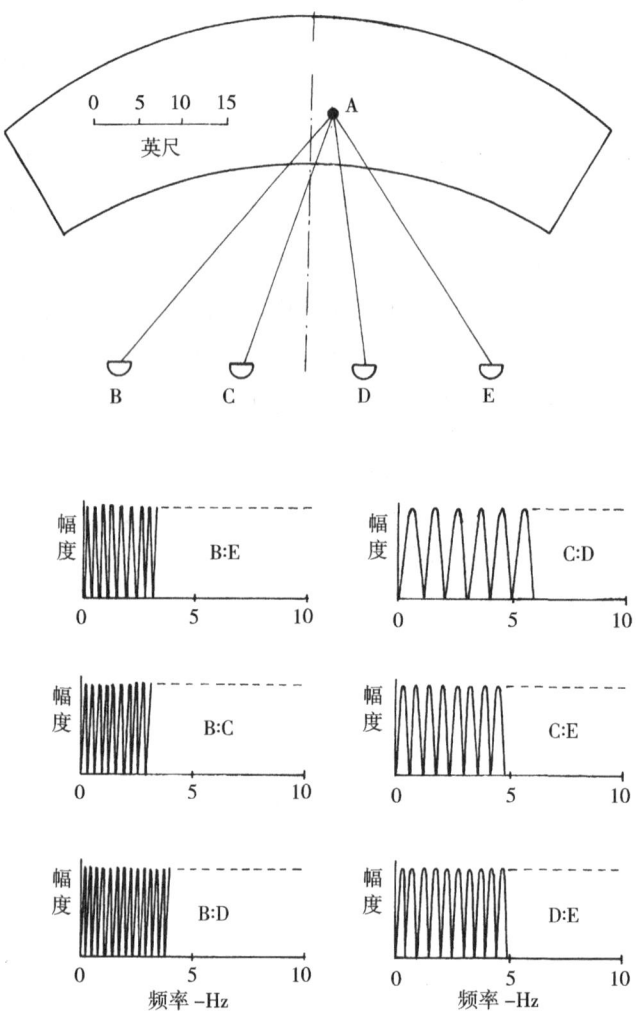

图 3-51 四只传声器间的梳状滤波器效应

三、Decca Tree 拾音方式

Decca Tree 拾音方式由 Decca 唱片公司于 1954 年创立。它由三只全指向传声器组成（Decca 公司最早采用的是 Neumann M-50 传声器），分别置于"T"字形的一端。传声器间的距离取决于所需的空间感和声像宽度，一般情况下左右传声器间的距离为 2m 左右，根据实际需要，两传声器的轴向可以彼此张开一定的角度，以保证两侧声源获得较好的高频响应，避免全指向传声器在高频段指向性加强带来的不利影响。这种左右传声器的设置方式，能够保证传声器拾取到足够的声级差和时间差，确保良好的声像定位和较好的空间感。通常前置传声器设置在距离左右传声器连线约 1.5m 的位置，传声器的主轴方向正对声源，以此来加强对中间声源辐射的声音的拾取，如图 3-52 所示。

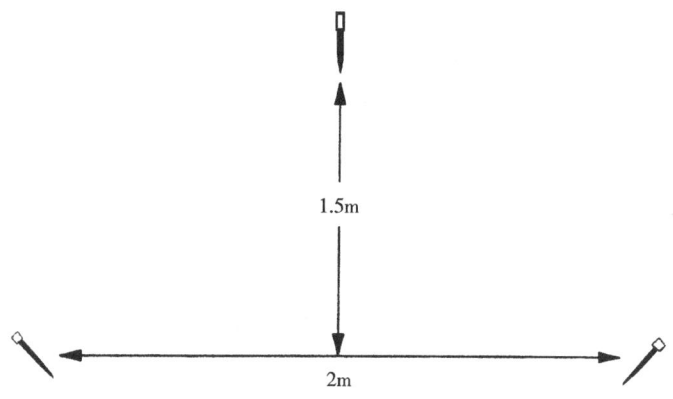

图 3-52 Decca Tree 拾音方式

Decca 唱片公司采用 Decca Tree 拾音方式录制了一大批经典唱片。它独特的音响风格受到了广大听众的普遍认可，这种拾音方式也很快被其他公司和录音师采用。不过增加的前置传声器也会加剧传声器间的梳状滤波器效应，使用时需多加注意。

四、OSS 拾音方式

OSS（Optional Stereo Signal）拾音方式由瑞士广播公司的于尔格·杰克林（Jürg Jecklin）首先提出，因此其也常被称为 Jecklin Disk 拾音方式。这种拾音方式由两只全指向性传声器组成，独特之处在于两传声器之间增加了一块特制的圆形声学障板，如图 3-53 所示。两传声器之间的距离为 16.5cm，障板的直径为 28cm，障板通常由木质或塑料材质制成，并上面开有许多小孔。

在某种程度上，OSS 拾音方式模拟了人的双耳听觉，两传声器间的距离近似于两耳的间距，能够拾取到一定的时间差，拥有较好的空间感和纵深感。它采用的全指向传声器能够获得较好的低频响应。传声器

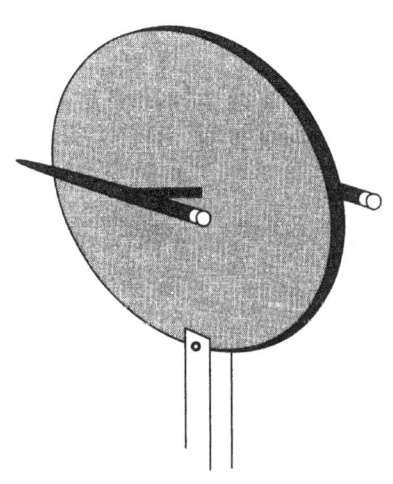

图 3-53 OSS 拾音方式

间增加的障板模拟了头部在两耳间的分隔作用，能在两个通路间形成一定声级差。声级差的形成类似于人的双耳听觉：当频率较高时，声波的波长较短，障板的遮蔽效应变得显著，左右通路间产生声级差。声级差的形成主要依赖于声源的频谱成分，这是这种拾音方式与其他拾音方式最大的不同。根据测量，当频率小于 200Hz 时，OSS 方式中使用的中间的障板不起作用；当频率为 1kHz 时，障板形成的隔离度大约为 5dB；在 5kHz 处大约为 10dB。障板的存在使 OSS 拾音方式获得了额外的声级差和时间差。相比时间差定位的小 AB 拾音方式，OSS 拾音方式具有更好的声像定位，有效拾音角相对更小，可以满足更多的拾音场合。

图 3-54 Schoeps 生产的 KFM-6U 立体声传声器

根据同样的原理，Schoeps 公司用圆球代替了两传声器间的障板。图 3-54 为 KFM-6U 立体声传声器。圆球用塑料制成，直径为 20cm。球体内部中空，附有吸声材料，球体表面具有反射性。为了避免出现梳状滤波器效应，传声器的膜片尽量接近球体表面安装，两传声器连线的中心通过球心，轴向夹角为 180°。另外，为了便于拾音时设置传声器的位置，球面还安装有发光二极管作为标记。

KFM-6U 立体声传声器的有效拾音角约为 90°，通常会设置在距离声源相对较远的位置，这就要求厅堂的混响时间不能太长，应具备良好的声学条件。类似 OSS 的拾音方式，球状阻尼物能在左右通路间产生由声源频谱决定的声级差。如果拾音位置选择合理，采用这种方式录制出的节目，无论是在音色上，还是在强度上都能获得很好的平衡。KFM-6U 立体声传声器的总体拾音效果类似于全指向传声器的小 AB 拾音方式，两传声器间阻尼材料则使它的声像定位表现更好。

第五节　采用 PZM 传声器的立体声拾音技术

一、PZM 传声器

PZM（Pressure Zone Microphone）传声器也被称为压力区域传声器或界面传声器。它的基本形式是将小型驻极体传声器或电容传声器的振膜朝下，平行设置在反射板上。传声器和反射板之间的距离非常小，通常只有几毫米，如图 3-55 所示。这种结构设计的目的是减小反射板反射的声音和直达声之间的时间差，减小二者之间的相位差，削弱梳状滤波器效应产生的不利影响。

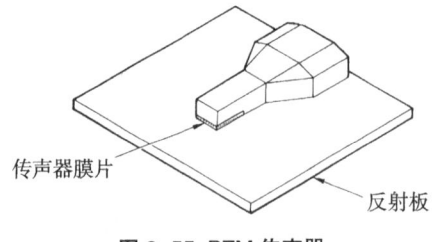

图 3-55 PZM 传声器

采用普通传声器拾音的时候，传声器以一定的高度设置在声源附近，通常地面就成了距离传声器最近的反射面，如图 3-56 所示。传声器拾取的声音包括从声源直接到达传声器膜片的直达声,以及经过地面反射(或附近其他反射面反射)的反射声。直达声和反射声的传播距离不同,这导致二者之间存在相位差。声波频率不同,相位差也不相同。例如,当反射声滞后于直达声的时间为1ms时,频率为1kHz的直达声和反射声之间会产生360°的相位差,直达声和反射声同相会使声压加倍,声压级提高6dB。同样延时1ms的情况下,频率为500Hz的直达声和反射声之间的相位差是180°,直达声与反射声完全反相会使二者彼此抵消,产生梳状滤波器效应。解决的方法是尽可能地减小直达声和反射声之间的距离差,减小二者之间的时间差,PZM传声器的工作原理正是利用了这个思路(如图3-57所示)。从图中可以看出,采用PZM传声器拾音时,由于传声器膜片和反射板之间的距离非常小,直达声和经反射板反射的声音将几乎同时到达传声器,二者之间的时间差非常小,此时,也会出现相位抵消的现象,但抵消被延伸到了更高的频率,传声器的输出将提高6dB,并且在人耳听觉范围内拥有非常平直的频响曲线,如图3-58所示。

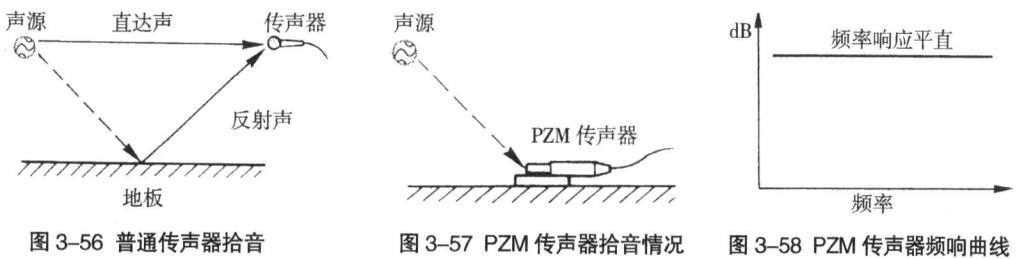

图3-56 普通传声器拾音　　图3-57 PZM传声器拾音情况　　图3-58 PZM传声器频响曲线

PZM传声器对从反射板各个方向入射的声波有相同的灵敏度,所以它的指向性是半球形的。特殊的结构设计保证了它在较宽的频率范围内拥有平直频响曲线,且没有离轴的声染色现象,灵敏度(提高6dB左右)和信噪比也均有提高。为了适应实际的应用需求,针对半球形指向性的PZM传声器,工程师们开发了具有指向性的界面传声器,其又被称为相位相关心形传声器(PCC)。它由小型的超心形驻极体传声器构成,类似于PZM传声器的工作原理,能有效消除梳状滤波器效应的不利影响。不过,它的膜片不像PZM传声器那样平行设置于反射板上,而是垂直于反射板。由于采用的是超心形传声器,PCC传声器能对后方和侧方的声音起到较好的抑制作用。

二、采用PZM传声器的立体声拾音技术

PZM传声器利用反射板对普通传声器进行了结构性改造,除了拥有自身的特性以外,基本可以像普通传声器那样正常使用。通过传声器不同形式的组合,PZM传声器进行立体拾音可以获得较好的立体声效果。类似于普通传声器的立体声拾音设置,PZM传声器的基本设置主要有三种形式。

(1)将两只PZM传声器拉开一定距离,置于地板、墙面或安装在传声器支架上。

（2）将两只PZM传声器反射板的背面靠在一起，使两传声器的膜片尽量重合，反射板的边缘指向声源。

（3）将两只传声器的反射板彼此张开一定角度，构成近重合式的拾音方式，或者采用具有指向性的界面传声器，将传声器置于地板上，彼此张开一定角度，传声器膜片之间拉开一定距离。

PZM传声器可以置于地板或其他界面上使用，也可以像普通传声器那样安装在传声器支架上。用PZM传声器组合进行立体声拾音，同样可以采用这两种方式设置传声器。下面就以PZM常用的立体声拾音方式对PZM传声器的立体声拾音技术予以分析。

1. 将PZM传声器设置于地板上拾音

将设置好的PZM传声器置于地板上进行立体声拾音，能够充分地发挥出PZM传声器的优良特性，这也是实践中经常采用的方式。相较于普通的传声器，这种拾音方式的最大优点是能有效消除由地板反射产生的相位抵消问题，在较宽的频率范围内能够获得平直的频率响应。置于地板上的PZM传声器也更方便录音师做各种调整，能有效提高实际的工作效率。传声器置于地板上还有助于隐藏传声器，提高舞台或者现场演出的视觉效果。不过，将PZM传声器置于地板上的拾音方式，更适合室内乐、爵士乐队和独奏乐器等小规模的拾音场合，不太适合交响乐等大型乐队的录音工作。主要原因是大规模乐队都有较大的纵深，置于地板上的PZM传声器距离乐队的前排很近，容易出现乐队前排的声音太大，后排声音不足，乐队纵深感不强的问题。

将PZM传声器设置在地板上进行立体声拾音，常用的方法是选择两只PZM传声器，平行地设置在声源的前方，传声器之间的距离为1.2m（4英尺）左右，其有效拾音角为90°左右。这种方式会受到声源高度的影响，当声源的高度增加时，声源辐射的声音到达两传声器的时间差将减小，所以随着声源高度的增加，传声器组的有效拾音角将逐渐增大。受到这种特性的影响，在传声器设置不变的情况下，演出形式就影响到了重放声像的宽度。如表演者站着演出的声像宽度就比坐着演出窄。类似采用普通传声器的大AB拾音方式，PZM传声器录制的节目具有较强的温暖感和良好的立体声效果，立体声的听音范围比较大。不过，由于两只传声器间存在一定的距离，两个通路间有较大的相位差，这种拾音方式的声像定位质量不是很好，单声道重放的兼容性也不理想。

采用具有指向性的界面传声器时，录音师可采用类似于近重合式的拾音方式来设置传声器。传声器之间适当拉开一定距离，彼此张开一定角度，平行置于声源前方的地板上。如图3-59所示，图中两传声器间的距离为18cm（8英寸），反射板之间的夹角为90°。按照这种方式设置的传声器，能够获得比较大的有效拾音角。调整两传声器间的距离以及反射板之间的角度，能够控制传声器的有效拾音角，调整重放的声像宽度。相对于上述传声器间距比较大的拾音方式，这种方式可以获得相对更好的声像定位。

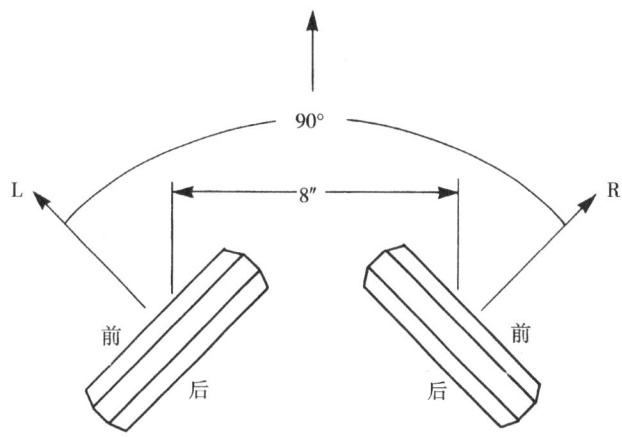

图 3-59 采用指向性界面传声器组成的近重合式拾音方式

L^2（Lamm–Lehmann）拾音方式由迈克·拉姆（Mike Lamm）和约翰·莱曼（John Lehmanm）设计开发。它采用两只 PZM 传声器，具体设置如图 3-60 所示。利用图示中的反射板，这种拾音方式能产生两个具有一定间距，彼此形成一定角度，具有指向性的极坐标图。如果我们将设置的传声器安装在较高的位置上拾音，拾取的声音信号会出现低频响应下降，高频响应提升的情况；如果置于地板上拾音，则产生相反的效果。

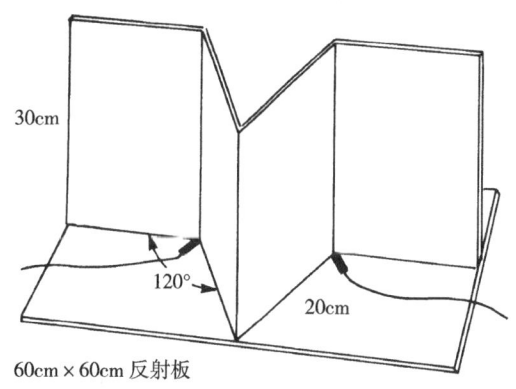

图 3-60 L^2 拾音方式

PZM 传声器也可以用于组合成 MS 拾音方式，这种方式由杰瑞·布鲁克（Jerry Bruck）首先提出。这种特殊的 MS 拾音方式以一只 PZM 传声器作为 M 传声器，S 传声器采用小膜片的 8 字形传声器。S 传声器直接置于 PZM 传声器的上方，与反射板的距离非常小，产生的梳状滤波器效应影响不大。PZM 传声器不存在离轴的声染色现象，重放的声像能够获得较好的声像定位。同时全指向形的 PZM 传声器拾取的声音信号有理想的低频响应。传声器被设置在地板上时，几乎不会影响到现场的视觉效果，加之能通过调整 M 传声器和 S 传声器的相对电平来控制有效拾音角，这种方式非常适合现场演出的录制。不过，跟其他将 PZM 传声器置于地板上拾音的情况一样，这种方式只适合于小型乐队或钢琴等独奏乐器的拾音。

2. 将 PZM 传声器悬置拾音

PZM 传声器的设计初衷，是将传声器置于地板、墙面和桌面等界面上进行拾音。如果把 PZM 传声器悬置，传声器原有的某些特性也将发生改变。PZM 传声器悬置拾音时，后方的声波到达反射板时将发生反射。当入射声波的频率较高时，波长相对较短，入射声波容易被反射；当入射声波的频率较低时，声波在反射板处将发生衍射，反射板不能起到任何阻碍作用。PZM 传声器的指向性与反射板的尺寸大小密切相关，如果反射板为正方形，PZM 传声器具有指向性的频率 F 为：

$$F = 56.4 / D$$

公式中，D 为反射板的边长（单位：米）。通过计算可以得出，如果 PZM 传声器反射板的边长为 0.6m，传声器在 94Hz 的频率以下将呈现出全指向性，中频段呈现出超心形的指向性，高频段则趋向于半球形的指向性，如图 3-61 所示。显然，反射板的尺寸大小会影响到 PZM 传声器的低频响应。反射板的尺寸越大，传声器的低频响应就越好。当频率低于 $F = 56.4 / D$ 时，其低频响应下降约 6dB。

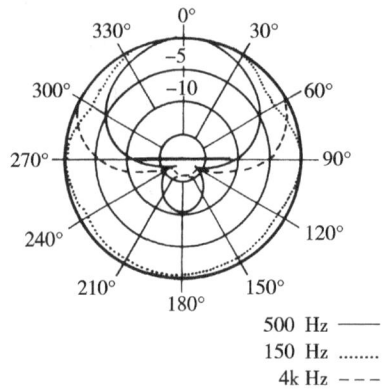

图 3-61 反射板边长为 0.6m 时，PZM 传声器的极坐标

悬空设置 PZM 传声器时，常用的立体声拾音方式是 PZM "楔" 拾音方式，如图 3-62 所示。这种拾音方式将两只 PZM 传声器反射板的一条边重合，彼此之间的夹角为 60°。两只传声器结合的固定点正对声源，整个设置呈 "V" 字形。PZM "楔" 拾音方式属于近重合式拾音方式，具有较好的声像定位，单声道重放的兼容性也不错。通过调整反射板之间的角度，录音师可以控制其有效拾音角，改变重放的声像宽度，也能控制直达声和混响声的比例，改变重放声源的空间感。在现场录音的情况下，为了消除悬置反射板的视觉影响，反射板也可以采用树脂玻璃等透明材料。

根据 PZM "楔" 的工作原理，迈克·拉姆（Mike Lamm）和约翰·莱曼（John Lenmann）在 PZM "楔" 的基础上，设计出了另一种多用途的 L^2 拾音方式，如图 3-63 所示。这种拾音方式由两个 "楔" 相对组成，在它们之间是两块障板。PZM 传声器的反射板能沿着各自的障板滑动，这种设置能使录音师更灵活地调整传声器间的相对关系，适应不同拾音场合的需要。

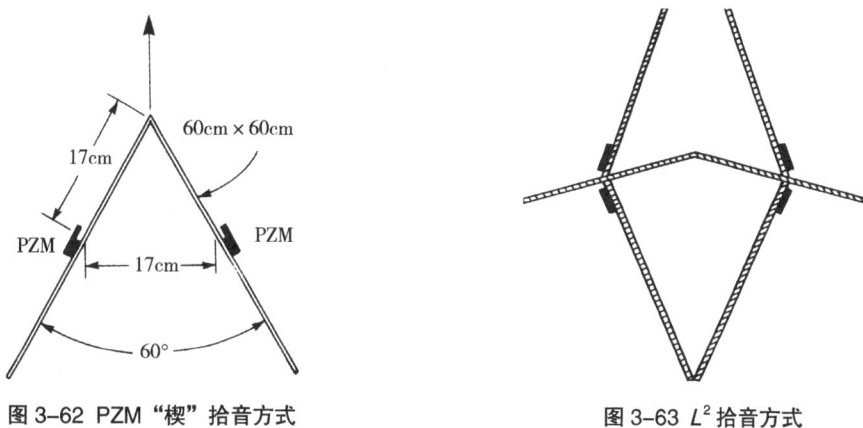

图 3-62 PZM "楔"拾音方式　　　　　　　　图 3-63 L^2 拾音方式

SASS（Stereo Ambient Sampling System）是另一种利用 PZM 传声器设计的立体声拾音方式，目的是解决其他立体声拾音方式中所存在的问题。SASS 拾音方式采用两只 PZM 传声器，分别安装在成一定角度的反射板上，如图 3-64 所示，这种设置使传声器呈现出一定的指向性。在两只传声器的中间是起遮蔽作用的泡沫塑料，传声器膜片间的距离为 17cm，大致相当于头部的尺寸。

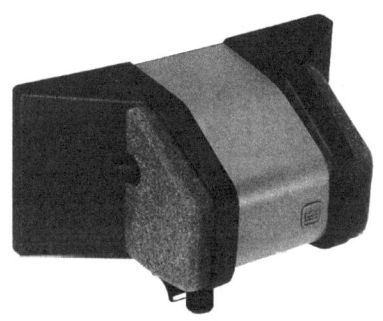

图 3-64 Crown SASS-P MK Ⅱ PZM 立体声传声器

对于不同频率的声波，SASS 拾音方式的定位方式也不相同。在低频段，传声器的反射板和它们之间的障碍物基本不起作用，类似于两只全指向传声器拉开一定距离后的拾音情况，主要以两个通路间的时间差进行声像定位。在高频段，反射板使传声器具有一定的指向性，传声器间的泡沫塑料也发挥出遮蔽作用，声像定位主要以两个通路间的声级差决定。在中频段，SASS 拾音方式则以声级差和时间差共同作用来对声像进行定位。所以，SASS 拾音方式非常类似于人耳听音的情况。

SASS 拾音方式的反射板比较小，但仍能产生比较平直的低频响应，主要是因为一方面，当频率小于 500Hz 时，传声器的指向性趋向于全指向形，两传声器的低频输出电平相等，在立体声重放时，两个声道的低频信号到达人耳将有 3dB 的提升。另一方面，在低频段传声器趋向于全指向形,但在高频段传声器却呈现出一定的指向性。在具有混响的声场中拾音时,低频将获得 3dB 左右的提升,两只传声器总共有 6dB 的提升,将有效补偿由于反射板尺寸较小而造成的对低频段 6dB 左右的衰减,使总体的频率响应在 20~20 000Hz 的范围内趋向于平直。

SASS 拾音方式基于人耳听觉的情况,利用两只 PZM 传声器进行立体声拾音,拾音效果具有很多的优点。相对于重合式的立体声拾音方式,SASS 拾音方式有更好的低频响应和空间感;相对于近重合式的立体声拾音方式,两者具有相同的单声道重放兼容性,但是 SASS 拾音方式的低频响应更好,而且没有离轴的声染色现象;相对于大 AB 立体声拾音方式,SASS 拾音方式具有更好的声像定位和单声道重放兼容性;相对于后面要介绍的仿真头拾音方式,SASS 方式也有更平直的频率响应和单声道重放兼容性,无论是用扬声器重放,还是用耳机重放,SASS 拾音方式均能获得满意的效果,只是声像定位的效果不如仿真头拾音方式。

第六节　仿真头拾音技术

仿真头拾音技术是一种在听音人鼓膜处再现传递函数的双耳录音技术。该传递函数即听音人在拾音位置听音时,声源辐射的声音到达听音人鼓膜处所形成的传递函数,它和声源本身有直接的关系。

声源的特点由自身的频谱成分所决定。声波通过空气传播到人耳的过程中,其频谱成分要发生一定变化。一方面,声波的能量同传播距离的平方成反比,即传播距离越远,声波的幅度衰减越大。另一方面,高频成分的波长比较短,如果传播距离较长,能量将被空气部分吸收,使高频的幅度有所衰减。因此,传播路径的不同决定了声源辐射的声音到达人耳的传递函数不同。反射声滞后于直达声到达人耳,反射声频谱成分变化除了受传播距离和空气吸收因素影响外,还跟反射界面的特性,以及反射的次数有关。每一反射声都有各自的传递函数,将以不同的入射角到达人耳。由此可知,到达人耳的成分由无数的、各不相同的传递函数组成。如果声源是正在演奏的乐队,乐队中每件乐器的声音到达人耳时都产生一组复杂的传递函数。另外,听音人的肩部、躯干也将起到反射声波的作用,人头还会对声波进行衍射。通过耳壳的反射和收集,这些直达声、反射声以及衍射成分将相互作用,使外耳道产生共振,声音传播的整个过程如图 3-65 所示。

从前述的内容可知,外耳道的传递函数是固定的,由其生理结构所决定。所有进入外耳道前的传递函数通过外耳道后,将同外耳道的共振一起作用到人耳的鼓膜上,由中耳内的三块听小骨传递到内耳,产生电脉冲送入大脑的听觉中枢。

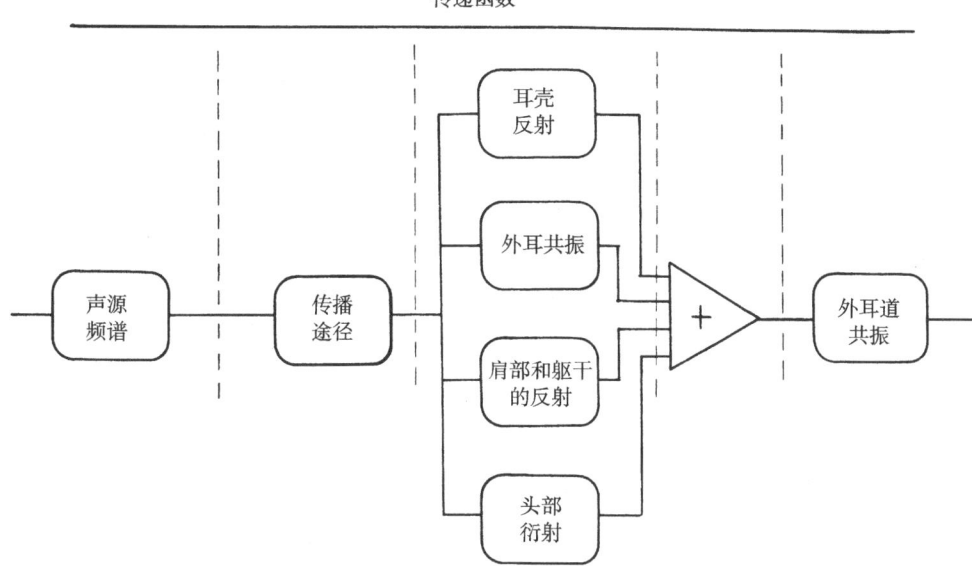

图 3-65 人耳听音的传递函数

声波传递到鼓膜时，将包含两个主要信息。一是声源本身的频谱成分；二是声源频谱形状所携带的方向信息。仿真头拾音技术的基本原理，就是忠实地记录下这两个信息，再现现场听音情况。方向信息主要取决于耳壳的反射、外耳道的共振、肩部的反射、躯干的反射和头部的衍射等，因此仿真头的尺寸和特性应接近于人体的平均水平，才能获得准确的声像定位。图 3-66 是 Neumann 生产的仿真头立体声传声器，它只有人的头部。

采用传统的立体声拾音技术录音，重放的声像仅在前方的水平面上进行声像定位，仿真头拾音则可以得到三维的声场空间。因为仿真头拾音技术将传声器设置在仿真头外耳道的入口处进行拾音。当采用耳机收听仿真头录音时，仿真头左右传声器拾取的信号会被分别送入听音人的左右耳，两耳之间没有任何的串扰，如图 3-67 所示。这个拾音和重放的过程，相当于把听音人转移到仿真头的拾音位置上，其自然的立体声效果是可以想象的。可见，仿真头的声学特性决定了重放的空间效果。仿真头越接近于平均水平的人头特性，重放声像的空间定位就越准确。如果耳机重放对听音人鼓膜的激励和声波在仿真头拾音位置上对鼓膜的激励一样，那么听音人将会获得完全真实的声源重放，得到具有三维空间的现场感受。

采用耳机听音时，有时听音人会产生头中效应和头前效应，即感觉声像不是在自己的前面，而是在头内部

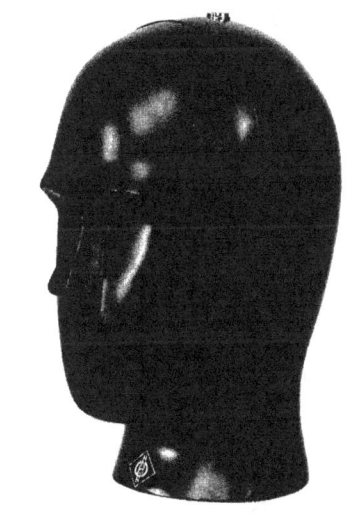

图 3-66 Neumann KU81i 仿真头立体声传声器

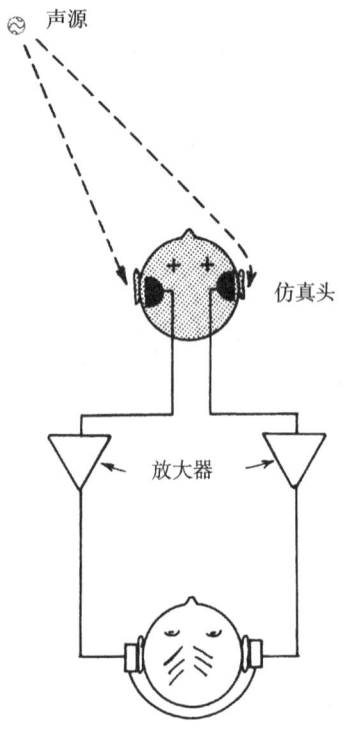

图 3-67 采用耳机重放仿真头录音

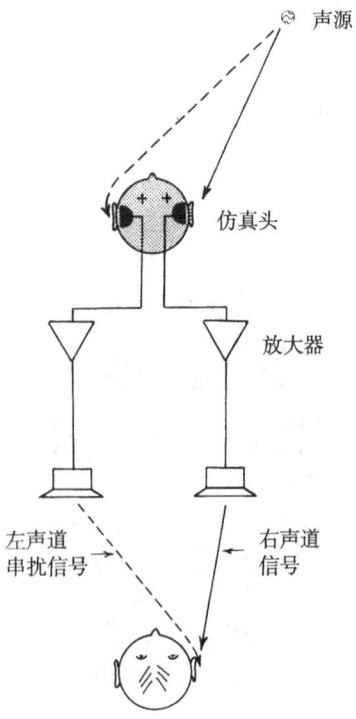

图 3-68 采用扬声器重放仿真头录音

两耳的连线上，或是感到在自己头部前额的附近，给人很不自然的感觉。

关于头中效应和头前效应产生的原因，目前存在不同的观点。一种观点认为，头中效应和头前效应是由双重耳壳效应和耳壳形状的改变引起的。耳壳的传递函数中含有声源的方位信息，将仿真头置于录音现场拾音时，传声器已经拾取了声源的方位信息。如果重放的声音信号再次被耳壳反射，势必影响到原有的方位信息，给人耳对声源的定位造成混乱，形成所谓的双重耳壳效应。戴耳机容易改变耳壳的形状，使耳壳的反射情况发生变化，这也将对人耳的声像定位产生影响。另一种观点认为，耳机听音情况下，声音信号在耳机和听音人的鼓膜之间将会发生共振，并且在耳机和鼓膜之间会产生驻波，这就改变了原有的传递函数，使人耳的定位发生变化。还有一种观点认为，听音时头部轻微移动是造成头中效应和头前效应的一个原因。听音人位于声源前方听音时，头部会有轻微移动，这将造成声源辐射的声音到达两耳的时间差有细微变化，而这种细微变化"提醒"大脑声源位于头部以外，也就是说，听音时头部轻微移动提供大脑"声源定位于头部以外"的信息，仿真头拾音缺少这种信息，就容易出现重放时的头中效应和头前效应。

通常，仿真头录制的声音节目不能用扬声器重放。因为用扬声器重放仿真头的录音时，扬声器辐射的声音具有一定覆盖面，加上人耳的方向特性，左、右扬声器的信号不能分别传送到听音人的左、右耳，实际上每只耳朵都能听到两只扬声器各自发出的声音，图3-68为右耳听音情况。从图中可以看出，右耳在接收到右扬声器的重放信号的同时，还将接收到来自左扬声器的串扰信号，该信号实际应是左耳所接收的信号。采用扬声器重放仿真头录音时，这种声学上的串扰信号将改变声音到达双耳的传递函数，造成空间声像定位的失真，影响重放的频率响应。

用耳机收听仿真头拾取的节目声音，能够获得非常好的立体声效果，但局限性也会影响到声音节目的应用范围。为了让扬声器重放仿真头录音也能获得耳机的效果，鲍尔（Bauer）首先提出了采用电子线路的方法抵消上述声学串扰问题，如图 3-69 所示。他采用的方法是将左声道的信号通过补偿滤波器，然后经延时和反相处理后送到右声道，并与右声道的信号叠加。其中，补偿滤波器是为了补偿通过扬声器重放后头部遮蔽造成的两耳间不同的频率响应。延时是扬声器重放信号到达两耳之间的时间差。可以看出，左声道的声音信号被处理后，信号的频率响应和左扬声器到达右耳的串扰信号将完全相同，但相位反转180°。在重放的过程中，该信号与左扬声器的串扰信号将以声学的方式在人耳附近完全抵消。这样右耳接收到的信号中只有仿真头拾取的右声道信号，就避免了扬声器重放仿真头录音所出现的问题，使扬声器重放也能获得耳机听音的立体声效果。

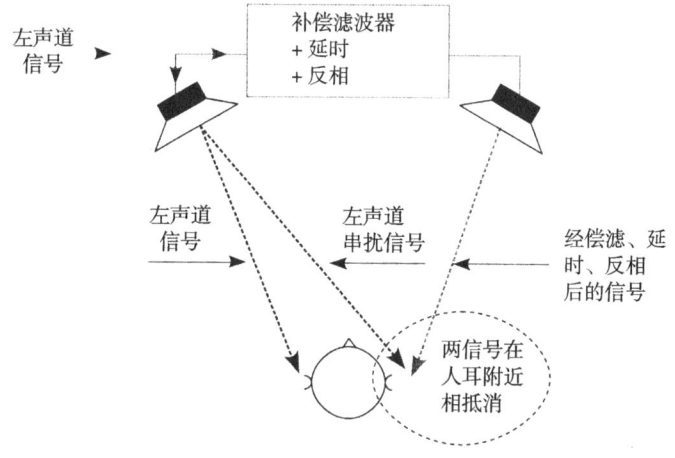

图 3-69 抵消声学串扰的原理

值得注意的是，这种方法虽然能让扬声器重放仿真头的录音，并且取得比较好的立体声效果，但它对听音的环境和位置要求比较高。要想获得比较理想的重放效果，听音人只能在强吸声的环境中、处在最佳听音位置上。不过，随着仿真头重放技术的发展，目前在有混响的环境中我们也已经实现了通过扬声器重放仿真头的录音，有效听音区域也有所扩大。

第七节　环绕声拾音技术

前面几节介绍的是双声道立体声的拾音技术。双声道立体声的特点是拾取的所有声音信号，包括直达声、反射声和混响声等，都通过听音位置前方的两只扬声器重放，重放的声像定位在两扬声器之间。环绕声技术在双声道立体声技术的基础上发展起来，它利用多个通路传输声音信号，并采用多只扬声器予以重放。增加的通路和扬声器弥补了双声道立体声缺失的从两侧和后方入射的声音信号，能够更真实地模拟现场听音的情况。例如，用环绕声拾音技术录制乐队演奏，乐队演奏声音能定位在前方的扬声器上，而厅堂内的反射声和混响声从各个方向辐射到听音位置。

采用仿真头拾音的双耳录音也具有环绕声的音响效果，但用耳机监听的局限，限制了其在声音节目中的应用范围。即使采用上述抵消声学串扰的方式，仿真头拾音的双耳录音也仍存在有效听音区域较小的问题，不能保证更多听众同时获得较好听音效果的要求。环绕声技术采用扬声器重放的立体声技术，具有相对更大的有效听音区域，能让更多的人同时获得良好的环绕声效果。环绕声技术录制和重放的节目声音，拥有更强的空间感和现场感，能够获得听音人和声源共处相同空间的感觉。相较双声道立体声技术，环绕声技术重放的节目更具表现力，也更能激发起听众的共鸣。

一、环绕声的扬声器设置

环绕声研究最早从音乐录音开始，但人们在研究过程中遇到了很多困难。目前，多数普及的环绕声技术标准都源于电影工业，后来环绕声技术才在音乐和其他各种媒介中得以应用，最为人熟知的是5.1环绕声系统。5.1环绕声系统采用六个通路传输信号，并由环绕在听音位置周围的六只扬声器予以重放。其中，0.1通路LFE（Low Frequency Enhancement）的频率上限为120Hz，采用亚低音扬声器进行重放，其他五只扬声器分别是左右扬声器、中置扬声器和左右环绕声扬声器（如图3-70所示）。

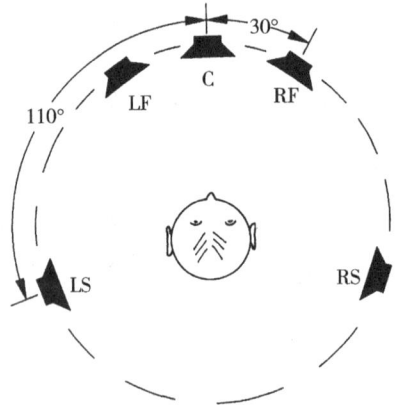

图3-70 推荐的5.1环绕声系统扬声器设置

图3-70是ITU（International Telecommunication Union）推荐的5.1环绕声系统扬声器设置标准。左、右扬声器偏离中心的角度为±30°，与双声道立体声的设置标准相同，左、右环绕声扬声器偏离中心的角度为±110°。所有扬声器应当同人耳在同一水平面上，或者稍微高于人耳，以避免声波在传播过程中受到反射物的影响。听音人到达各扬声器的距离应当相等。如果由于客观条件不能实现，录制人员则应当采用适当的延时予以补偿。这是

ITU 推荐的用于音乐重放的重放系统，相应的还有用于视频播放的设置标准，规定了与视频播放器相关的内容。

上述推荐的扬声器设置标准中，左、右扬声器保持了双声道立体声的设置方式，主要原因是 60° 的夹角能为听音位置的前方提供较好的立体声效果，而且能和双声道立体声系统保持最佳的兼容性。实验也已经证明，在 5.1 环绕声系统中，左右扬声器保持 60° 夹角有最佳的声像定位效果。左右扬声器之间的中置扬声器，能避免左右扬声器之间距离过宽的问题，起到稳定中间最主要声源的作用，在一定程度上可解决立体声重放中可能出现的中间空洞现象。环绕声扬声器的角度由实验决定。扬声器设置在 ±110° 的位置重放时，一方面，听音人可以在周围获得最佳的声像定位；另一方面，这种设置环绕声扬声器的方式创造了类似于家庭的听音环境：在普通的家庭中，听音位置基本不会设置在中间，多是在比较靠后的位置。显然，这种环绕声扬声器的设置方式能有效提高实用性，有利于推广和普及环绕声的重放系统和重放效果。环绕声扬声器应当和前方的左、中、右扬声器采用相同型号，使系统中各扬声器有相同的功率和频率响应，否则将会影响到环绕声系统重放的声像定位。通常，用于音乐重放的环绕声系统没有单独的低音通路，即使是应用单独低音通路的如满足影音视频的环绕声系统，推荐的标准中也没具体规定亚低音扬声器的具体设置。人耳对 120Hz 以下的低频无法定位，原则上亚低音扬声器可以设置在任何位置，并不会影响到整个系统重放的声像定位。但是，如果亚低音扬声器设置在墙角的位置，扬声器发出的声音将在地面和两侧墙面形成反射，能有效加强低频的输出，提高低频的阈量，获得更均匀的低频响应。根据房间的实际声学情况，录制人员也可以适当调整亚低音扬声器的设置，减小房间内产生驻波的可能，使整个低频的响应趋于均匀。

二、环绕声拾音技术

随着多声道环绕声标准的建立，以及家庭影院和数字电视等的发展，环绕声的节目内容逐渐得到发展，虽然在普及的程度、应用的广度和深度等方面还有待提高，但是作为一种发展的趋势，或者是作为一种过渡性的技术形态，仍值得我们深入探索和研究。多声道环绕声系统利用左、中、右扬声器重放音乐节目的主要内容，并在听音人的前方对各声部的乐器或人声进行声像定位。后方左右环绕声扬声器的主要作用，是重放厅堂内的反射声和混响声，模拟现场演出的真实声场情况，改善节目内容重放的真实感和空间感，提供比双声道立体声更自然的听音体验。多声道环绕声系统在双声道的基础上发展起来，因此也利用了很多双声道立体声拾音技术的原理和方法，并根据环绕声系统的技术特点和人耳听觉的特性得以发展。下面我们就将介绍几种常用的环绕声拾音技术。

1. 声场传声器方式

声场传声器是在 MS 立体声拾音技术的基础上设计的一种相对更加精密的多膜片传声器，

如图 3-71 所示。它采用四只心形传声器，膜片向外，组合成四面体状。传声器膜片尽量重合组合在一起，构成重合式的拾音方式。声场传声器主要利用不同通路之间的声级差对重放的声源进行声像定位。为了弥补传声器膜片尺寸带来的不利影响，缩小声源辐射的声音到达各传声器膜片的时间差，该系统还分别对传声器的输出进行了移相处理。传声器的输出有两种模式，模式 A 输出的是四只传声器各自的输出信号。模式 B 是由矩阵电路产生的，输出的信号相当于不同指向性的传声器分别拾取到的声音信号，其相应的传声器及设置分别为：

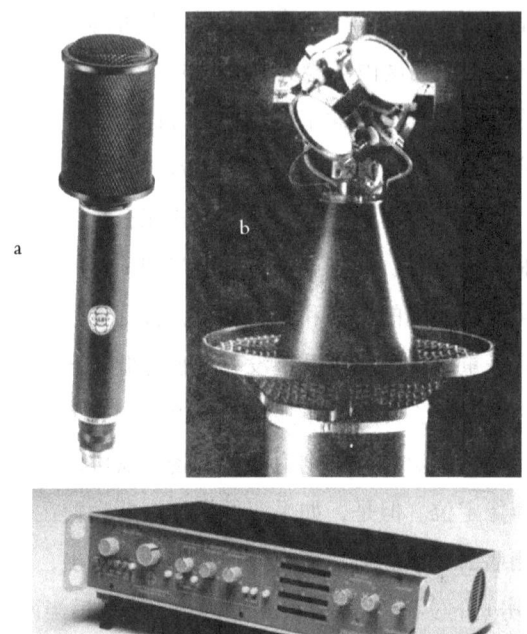

图 3-71 Mk V 声场传声器（a）外观　（b）传声器膜片构成　（c）Mk V 的遥控器

（1）全指向传声器；
（2）垂直于水平面的 8 字形传声器；
（3）左右方向上的 8 字形传声器；
（4）前后方向上的 8 字形传声器。

模式 B 的输出信号包含了拾音位置接收到的上下、左右和前后的声音信息，能进一步处理成双声道立体声和四声道立体声，或者是单纯的混响声信号。通过传声器的遥控器录制人员还可以调整传声器的指向性，使传声器在水平面内旋转，控制传声器的拾音角度。5.1 声场传声器系统由声场传声器（Mk V 或 ST250）和环绕声解码器组成。解码器能将模式 B 的输出信号解码成前方的左、中、右通路的输入信号，后方的左环绕和右环绕通路的输入信号，以及亚低音扬声器的输入信号。

2. VR^2 环绕声拾音方式

VR^2（Virtual Reality Recording）环绕声拾音技术是由约翰·埃尔格尔（John Eargle）为电影的 VR^2 模式提出的拾音方式，具体的传声器设置如图3-72所示。

这种环绕声拾音技术将一对重合式的传声器置于声源的中间，主要拾取中间的声音信号，有利于保证中间声源的声像定位。声源两侧分别是一只全指向传声器，传声器之间的间隔大约为1.2m，主要用来加强两侧的声音信号以及增加声源重放的宽度和空间感。在主传声器后方9~12m处，是两只全指向传声器或心形传声器，传声器间的距离为3.7m左右，主要用于拾取厅堂的混响声。根据需要，录制人员现场拾音的时候还可以设置部分点传声器，用于补偿和提高重放的清晰度。为了便于现场监听和后期制作，传声器拾取的信号可分别记录到8轨数字录音机上：

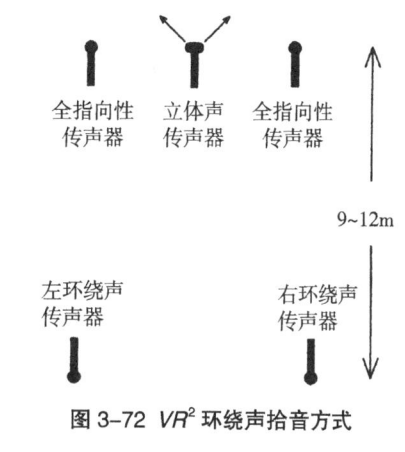

图 3-72 VR^2 环绕声拾音方式

- 1、2轨：所有传声器混合后的信号；
- 3、4轨：近重合式传声器拾取的信号；
- 5、6轨：两侧传声器拾取的信号；
- 7、8轨：环绕声传声器拾取的信号。

3. NHK 的环绕声拾音方式

日本NHK广播中心是较早实验和开发环绕声系统的机构。在多年的环绕声研究工作中，该机构通过大量的实验发现，在进行多声道环绕声拾音时，心形传声器能够获得比全指向传声器更加自然的混响效果。图3-73是该机构常用的传声器设置方案。

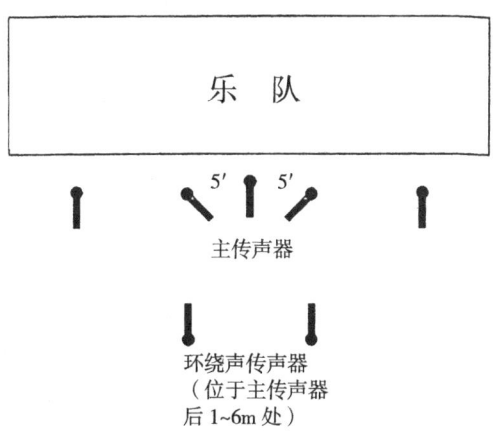

图 3-73 NHK 环绕声拾音方式

从图中可以看出，声源的前方是五只主传声器。中间位置上，轴向正对声源的传声器所拾取的信号，是中置扬声器的输入信号。这只传声器的两侧是一对近重合式的传声器，拾取的信号将分别作为左、右扬声器的输入信号。在声源两侧附近设置传声器，主要是为了展宽重放的声像。根据他们的经验，主传声器一般设置在混响半径的位置，后方的混响传声器则可以根据实际情况，设置在距离主传声器 1~6m 的位置。混响传声器的数量可以适当增加，最多的时候可以设置 3 对传声器来拾取混响效果。NHK 的工程师们认为，为了保证多声道环绕声和双声道立体声的兼容性，两者直达声和混响声的混合比例应当保持一致。

4. KFM360 环绕声拾音方式

KFM360 环绕声拾音技术由布鲁克（Bruck）首先提出。它以 Schoeps KFM-6U 立体声传声器为基础，在传声器的两侧、紧靠传声器膜片的位置分别增加了一只 8 字形传声器，两者的主轴彼此垂直，如图 3-74 所示。增加的 8 字形传声器，使两侧分别组成了 MS 立体声拾音方式，传声器的拾音主轴分别指向左右两边。

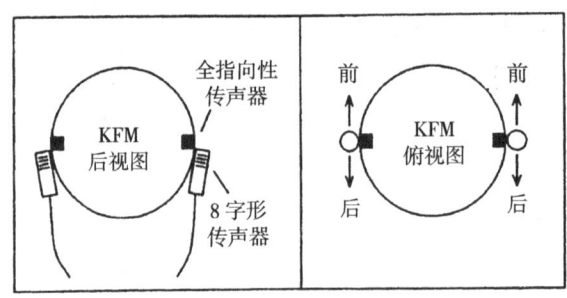

图 3-74 KFM360 环绕声拾音方式

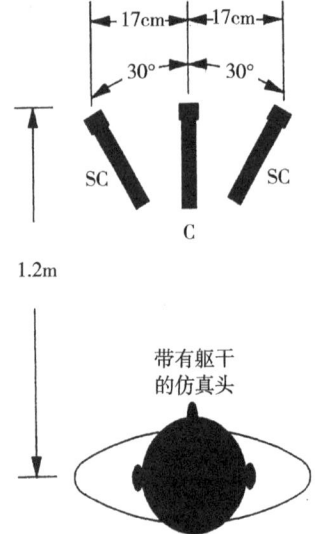

图 3-75 利用仿真头进行环绕声拾音

通常，四只传声器拾取的信号分别记录在四个声轨上，并通过矩阵电路变换成环绕声左、中、右通路的输入信号以及环绕通路的输入信号。其中，左、右两侧的全指向传声器和 8 字形传声器的输出相加减后，将分别合成两个主轴指向前、后，具有心形传声器输出特性的信号，录制人员通过调整其相对电平的大小，控制前后信号的比例，可以改变听音人到声源的距离，就像听众在音乐厅内前后寻找自己所喜欢的位置。为了补偿 8 字形传声器的低频滚降和高频衰减的问题，可以在信号编码以后对拾取的信号进行适当的均衡处理，以保证整个节目声音的信噪比。

5. 采用仿真头的环绕声拾音方式

利用仿真头进行环绕声拾音的技术由约翰·克莱普科（John Klepko）提出。其中，仿真头主要用于拾取厅堂内的混响声信号,如图 3-75 所示。前方的主传声器采用三只具有指向性的传声器,各传声器的灵敏度和增益均保持一致。中间采用心形传声器,传声器轴向正对声源。两边采用超心形传声器,以避免中间声像突出的问题。

经过测试,相对于其他的环绕声拾音方式,在 ±30° 和 ±90° 的听音范围内,这种方式录制的环绕声节目具有更连续和清晰的声像定位,而且具有很好的双声道立体声兼容性。由于是用仿真头来拾取混响声信号,所以用耳机听音也能获得环绕声的效果。

6. 采用 Decca Tree 的环绕声拾音方式

Decca Tree 的环绕声拾音方式由汤姆·莱格(Tom Jung)首先采用。这种拾音方式主要采用了 Decca Tree 传声器布局。传声器是心形指向形传声器,而不是双声道立体声拾音常用的全指向传声器。主传声器的后方,是重合式或 AB 式的传声器组合,传声器背对主传声器设置拾取混响声信号,如图 3-76 所示。混响传声器采用的是以声级差定位的重合式拾音技术,当采用 AB 拾音技术拾取混响声信号时,传声器之间的距离应当与 Decca Tree 后面两只传声器的间距相匹配。

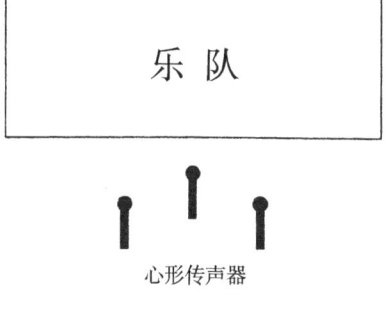

图 3-76 采用 Decca Tree 的环绕声拾音方式

7. 利用 PZM "楔"进行环绕声拾音

这种环绕声拾音方式由维斯劳·沃兹西克(Wieslaw Woszcyk)首先在实践中应用。它利用前述的 PZM "楔"来拾取前方声源辐射的声音,两反射板的尺寸为 45cm×72cm,反射板间的夹角为 45°,如图 3-77 所示。混响传声器采用的是一对心形传声器,设置在距离 PZM 传声器 6m 以上的位置。两心形传声器重合设置,传声器间的轴向夹角为 180°,并对极性做相反处理。

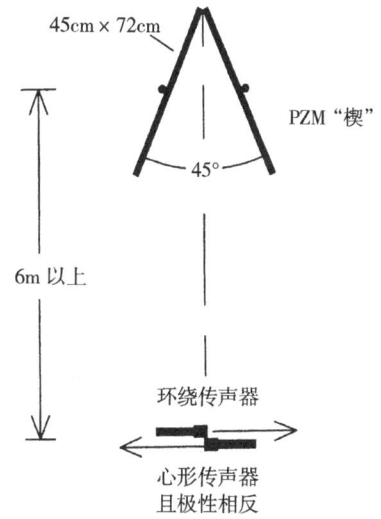

图 3-77 利用 PZM "楔"进行环绕声拾音

用这种方式拾音会获得非常精确的声像定位。传声器的设置有利于拾取侧墙的反射,重放声音的空间感也非常突出。混响传声器的信号叠加了 PZM 的信号后,能消除掉传声器间反相效果。此外,这种拾音方式的最大优点,是能够兼容环绕声、双声道立体声和单声道的重放。

第四章
单件乐器和乐器组拾音技术

单件乐器和乐器组的拾音技术,主要应用于多声道分期录音的制作工艺中。这种工艺是流行音乐和很多现代音乐节目制作中普遍采用的录音方式。古典音乐通常采用同期录音方式,也经常通过辅助传声器对个别的乐器或乐器组进行拾音,弥补主传声器在细节等方面的不足。因此,单件乐器和乐器组拾音技术在各领域的录音工作中都有实践意义和实践价值。

如果说,同期录音技术主要探讨的是传声器和整个乐队之间的关系,那么单件乐器和乐器组的拾音技术探讨的将主要是传声器和具体的各种乐器之间的关系。不同类型的乐器有不同的振动模式和不同的发声机理,乐器的频谱特征和音色特点不尽相同,在音乐中经常承担的角色也存在差异。为了拾取声音的波动,人们开发了各式传声器。不同品牌、不同型号的传声器都有各具特色的设计理念、材料结构和技术特性。就像每个人的嗓音都有各自的特点,每只传声器拾取的声音也独具个性。

没有不好的传声器,只有没用对的传声器,这是很多从事流行音乐录音的业内人士经常提到的观点。单件乐器和乐器组拾音技术的关键,是在客观的传声器选择、传声器设置等方面,与主观的音响效果之间建立起内在关联,以合适的传声器拾取到理想的声音效果。流行音乐不像传统音乐有固定范式,流行音乐无论是在内容上,还是在形式上,以及乐器的音色上,都没有传统的束缚,具有更强的创造性。这就要求录制人员掌握传声器设置与音响特征变化之间的规律,根据具体的音乐要求、乐器在音乐中的角色来设置传声器,调整传声器,满足音乐创作的需求。

在多轨分期录音的制作工艺中,单件乐器和乐器组的拾音工作担负着采集创作素材的任务,拾音技术的应用和拾音效果的成败将直接影响最终合成的节目质量。虽然现代科技为后期制作提供了很多功能强大的周边设备,但前期录制中经常出现的很多问题在后期制作中难以用各种设备弥补,而且,每件处理设备还会引入额外的噪声和失真,所有的这些噪声和失真混合后,有可能导致最终节目声音的恶化。单件乐器和乐器组的拾音是多轨分期录音制作的开始,也是不容忽视的环节,良好的声音素材将会使整个节目制作事半功倍。

第一节 鼓乐器的拾音技术

架子鼓是流行音乐中最常用的打击乐器,通常是整个音乐节奏的基础,也是前期拾音中最先录制的乐器。架子鼓拾音非常复杂,录制的难度也相对较大。首先,架子鼓的音响和配置没有固定标准,通常根据乐曲的需要来配置乐器。即使是相同的乐器,如军鼓和镲片等也有形形色色的选择,每次录制的架子鼓有可能呈现出完全不同的音响特色。架子鼓的乐器选配好以后,制作人员还要对整套鼓的音响进行调整。如果整套鼓调整得不理想,单件乐器再优秀，采用再好的传声器和录制方法，也难以取得理想的效果。其次，根据不同的需要，架子鼓通常会包括 7~20 件单独的乐器，基本的乐器有低音大鼓、军鼓、通通鼓、吊镲和踩镲等。它们彼此之间相对独立，距离很近，音量很大。各件乐器之间会相互影响，不同乐器在传声器之间的串扰非常严重，无论是各件乐器的电平、音色，还是各自的声像，都很难做到相对独立地控制。录制架子鼓不仅需要掌握乐器的声学特点和传声器的应用技术，还需要很多实践经验的积累。

一、鼓乐器的基本声学特性

1. 鼓的发声特点

鼓是世界各民族中普遍存在的一种乐器。各种鼓乐器的形体、尺寸和材质有很大差异，但基本结构大致相同。它由鼓腔、鼓皮、鼓架和松紧螺丝等组成。鼓皮以各个方向上相同的张力固定在鼓架上。鼓的演奏方式是以鼓槌击打鼓面，在鼓槌的冲击力下鼓皮将偏离静止位置，并在静止位置的附近做往复振动。从鼓槌的激发点开始，振动将传递到整个鼓面，在鼓的边缘的振动将被反射回来，这就是鼓皮被击打振动的基本过程。

鼓皮的振动方式与激发的位置相关，激发的位置不同，鼓皮振动的方式也不一样。当激发鼓皮中央时，如图 4-1（a）所示，由于鼓皮在各个方向上的张力相同，鼓皮将以最简单的方式振动，它决定了鼓声的基频。当激发鼓皮直径的 1/6 处时，鼓皮振动将包含 4-1（a）和 4-1（b）的两种振动方式，鼓声中将包含更高频率的声音。同样，当鼓槌激发鼓皮直径的 1/10 处时，鼓声中包含的频率将进一步升高。鼓槌激发出的这些频率成分的多少或高低取决于鼓皮的张力、质地、鼓皮的有效直径以及整个鼓的体积。

鼓皮振动由激发点传递到鼓的边缘时，会发生扇形共振的现象，如图 4-2 所示。共振将生成新的频率。鼓皮的直径越大，鼓皮越薄，共振将越明显。当鼓皮的激发位置偏离中心或鼓皮在各方向上张力不一致时，鼓声衰减过程中会出现明显颤音。在较远的位置听音或传声器的拾音位置较远时，能量相对较弱的颤音很容易被隐蔽掉，但传声器设置在鼓的边缘以较近的距离拾音时，颤音很容易被传声器拾取。不过，鼓皮的振动比较

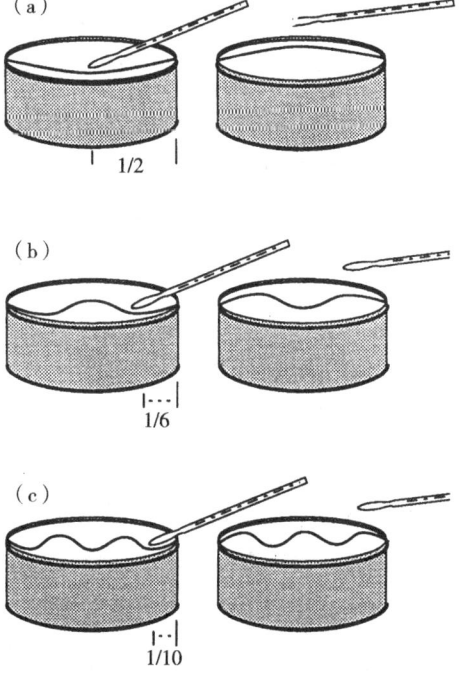

图 4-1 鼓的三种振动方式

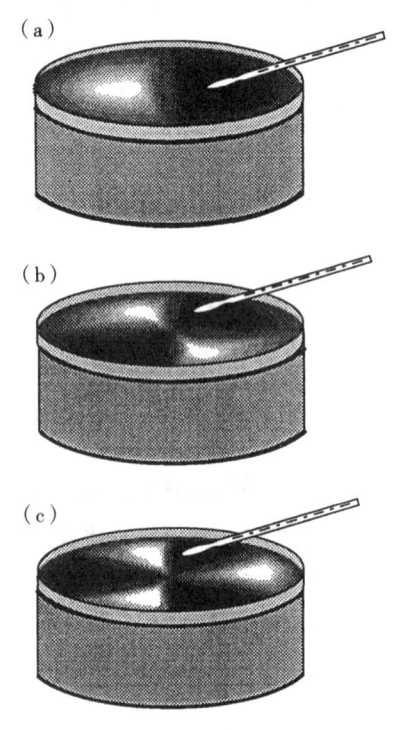

图 4-2 鼓的三种扇形共振方式

复杂,各种方式的振动叠加后,在某些区域的共振有可能被加强,而在另外一些区域共振则有可能被完全抵消。细致调整传声器的拾音位置,就可以加强有益的共振,避免各种不利的振动影响到拾取的鼓声。

敲击演奏鼓的时候,除了鼓皮会产生共振以外,鼓腔内的空气和鼓架也会发生一定共振。鼓腔内空气的共振频率取决于鼓腔的体积,鼓架共振则由它的尺寸、厚度、密度以及重量来决定,两者的共振频率各自独立。有些两面蒙皮的鼓设有开孔和阻尼装置,开孔使鼓腔内外的空气连通,有效增加了共振空气的体积,降低了鼓腔内空气的共振频率;在某种程度上,阻尼装置发挥的作用是提高鼓的音高。此外,有时不同的鼓安装在相同的支架上,敲击其中的一只鼓也会引起其他鼓的共振。

从上面的分析可以看出,鼓乐器受到激发后,发出的音色与激发位置和鼓的特性有关。一般情况下,演奏鼓时最佳激发位置不在中心,而是在鼓面直径的 1/3~1/4 处。在此处激发,鼓的基频振幅得到加强,部分不和谐的成分被抑制掉。以较强的力度强奏时,为了使鼓能够承受较大的压力,随力度的加强鼓手可将激发位置逐渐向中心移动。鼓皮的材料和质地都会影响到鼓的音色,鼓皮的张力不仅会影响鼓的音高,还在一定程度上影响到鼓的音色。为了得到相对朦胧的音色,实际演奏中鼓手经常会在鼓面蒙上一层棉织物抑制基频的振动。此外,鼓的激发工具也应视作鼓乐器的有机组成部分,激发工具的软硬程度与鼓的音色直接相关。软而钝的鼓槌激发出的鼓声相对柔和,有较长的起振过程;硬鼓槌激发出的鼓声有清脆而明亮的感觉,起振过程相对较短,呈现出较强的力度。

2. 鼓的选择与调整

架子鼓的各种乐器围绕鼓手进行设置,彼此之间都有非常近的距离,加上每只鼓有各自的共振和其他鼓引起的共振,这使鼓的录制难度进一步加大。要想录制出较为满意的鼓声,必须做好录制前的准备工作,尽量消除不利于录音的各种因素。一方面,需合理选择鼓的尺寸和配置;另一方面,需对整套鼓进行细致调整,消除各种共振之间的相互影响。

常用的低音大鼓有 24 英寸和 26 英寸两种。26 英寸的低音大鼓声音比较低沉,更容易引起其他鼓的共振。它在实际的应用中使用较少,通常要单独设置传声器拾音并使用均衡器对拾取的信号进行处理。在摇滚乐和大多数流行音乐中,为了获得较为坚实的大鼓声,人们经常采用24英寸的低音大鼓进行录音。低音大鼓的体积和音量都非常大，在录音前需要做非常细致的调整。但是，实际应用中人们却经常对低音大鼓的调整出现误解，认为减小鼓皮的张力可以使大鼓的声音更加低沉。实际上，这种调整的结果往往不是使鼓声更加低沉，反而会使鼓声的音调变得更高。因为低音大鼓的能量主要集中在低频段，调低鼓皮的张力容易使大鼓的低频下限进一步降低，达到人耳的听觉范围以下，使人耳听不到这些较低的频率。相反，如果增大鼓皮的张力，反而能使它的低频下限位于人耳的听觉范围以内。因此，要想得到冲击感较强的大鼓声，应当适当增大鼓皮的张力，而不是将鼓皮调整得更紧。

在流行音乐中，架子鼓多数配置三只通通鼓，常用的尺寸分别是12或13英寸通通鼓、14英寸通通鼓和16英寸的低音通通鼓。在录音中人们很少使用18英寸的低音通通鼓。通通鼓的音高应根据乐曲的调性进行调整，各通通鼓的音高为三度和弦关系。例如，当乐曲为F大调时，高音通通鼓（12或13英寸通通鼓）的音高通常调整为小字组的"a"，另外一只通通鼓和低音通通鼓分别调至小字组的"f"和"c"，三只通通鼓之间构成大三和弦关系。为了避免调鼓时上下鼓皮相互干扰，调整前要先将通通鼓从支架上取下，并利用阻尼物抑制住下鼓皮振动，调鼓时应先用鼓槌敲击松紧螺丝附近的鼓面，利用松紧螺丝调整鼓皮的张力，直到敲击音高与期望的音高一致，接下来，以调整好的敲击点为基础依次调整其他松紧螺丝附近的鼓面，直至所有的敲击点都具有相同的张力和一致的音高。实际演奏时，多数鼓手不是敲击鼓的中心，而是敲击中心到边缘之间的位置，所以，在周围的张力调整好后，还应根据鼓手实际演奏时激发的位置，对整个鼓的音高做细致的微调。下鼓皮的调整方法和上鼓皮一样，只是调整完后不需再根据实际激发点进行微调。

军鼓是架子鼓乃至整个乐曲中的重要乐器。它的种类很多，音色丰富，敲击的方式和敲击的工具灵活多样。根据不同类型的音乐，鼓手或制作人会选择不同的军鼓。它们的鼓皮和鼓架各不相同，鼓腔的长度也不一样。鼓腔长度是军鼓音色的重要标志，鼓腔的长度越长，军鼓发出的声音越坚实，越富有弹性，相反，鼓腔的长度越短，军鼓发出的声音就越清脆和明亮，表现出的冲击感就越强。从频谱成分来看，鼓腔较长的军鼓激发出的低频成分相对较多。军鼓和低音大鼓之间的距离很近，尤其是下鼓皮离低音大鼓更近。传声器拾取的军鼓声音很容易串扰进低音大鼓的声音，这会明显减弱军鼓演奏的冲击感。为了增强冲击感，实际应用中录制人员可用均衡器对军鼓的音色进行处理，还可以加入适当的混响来改善军鼓的音响。短腔军鼓被激发出的高频成分相对较多，鼓声具有明亮和清脆的特点，适合爵士乐等的音乐形式，演奏力度相对较小的鼓手也经常偏爱短腔军鼓。军鼓的演奏和音响富于个性和创造力，对它的调整不同于上述通通鼓，通常由演奏的音乐风格来决定。一般情况下，军鼓的音高由乐曲的速度来决定。如果乐曲的速度比较快，军鼓的音调就要调整得相对高些，同时激发的鼓声需有较快的衰减，以免军鼓的尾音与下一次激发的声音重叠，影响军鼓的节奏感。对于民谣等节奏较慢的音乐，军鼓的音高可以调整得相对低些，这样也能更加充分地发挥出军鼓音色。通通鼓的调整要求上下鼓皮的音高一致，激发后能够得到充分的共振，但军鼓对此要求没有那么严格。在乐曲中，军鼓的主要作用是保持乐曲行进和展开的节奏，军鼓的声音没必要有更充分的共振，否则，在音乐节奏非常快的情况下，太多共振不但不能强调军鼓的节奏感，反而会使军鼓显得拖沓。

架子鼓中的各种镲片种类繁多，音色各异，根据不同的音响特点在音乐中承担着不同的角色。它们的声音特点受到镲片的大小、重量和厚度等影响。镲片的材质是区分镲片质量和风格的重要因素。在一套架子鼓中，镲片的数量没有明确的规定，多根据实际需求来选配，但通常会包括吊镲、叮叮镲和踩镲这几种类型。通常，吊镲的选择要根据音乐风格和音乐速度来考虑。如果乐曲的速度比较快，就应选取起振和衰减较快的镲片，以免演奏时镲片的起振时间和衰减时间较长，影响演奏的冲击感。在立体声的节目录音中，为了立体声的左右声像对称，录制人员通常会为整套架子鼓配两面吊镲。两面镲片的音量应该基本相当，具有平稳的衰减过程，但是各自的音高应有区别。如果两面镲片的音高接近，同时演奏就容易出现相位问题，造成镲声在某些频率上出现抵消的现象。叮叮镲主要是用作音乐中的固定拍子，镲片选择受环境因素的影响较大。为了在演奏中获得清晰的叮叮镲声，选择的镲片不能有较强的共振，否则衰减的镲声会过多交叠在一起。此外，在叮叮镲的演奏过程中，鼓手也是一个非常重要的因素。优秀的鼓手能够控制叮叮镲的激发位置来保证演奏的清晰度。在整套架子鼓中，踩镲和军鼓、低音大鼓的角色一样，是非常重要的节奏乐器。人们主要根据音量和音色来选择镲片。通常情况下，摇滚乐等类型的音乐具有较强的冲击感和力度，会选取演奏音量较大，能激发出更多中、低频成分的镲片。流行音乐或布鲁斯等音乐类型，需要明亮、清晰的镲声，多选择高频成分较多、具有较快衰减速度的镲片。

现代流行音乐作品具有很强的创造力，音乐表现和展现出的音响特征充满创新。架子鼓各种乐器的选择和调整跟音乐的风格具有较强的相关性，所以对它们的调整也应服从于整体音乐的要求。上述对于各种鼓乐器的选择和调整是对多数情况下而言，实际过程中我们还应在此基础上做出针对性的选择。

3. 反射、混响对鼓声的影响

通常，人们听到的乐器演奏不仅是乐器自身振动后发出的声音，还包括了所在厅堂的因素，即厅堂内的早期反射声和混响声。声波在空气中传播会随着距离的增加而衰减，空气对高频成分的吸收也将对乐器的高频成分造成进一步衰减。因此在距离乐器不同的位置上听音，听众将获得不同的音响效果，它反映在声波的包络、声音的频谱、声音的响度和感觉到的空间感等诸多方面。也就是说，人们对于乐器的音响概念和音响标准是建立在特定房间的声学特性和听音距离的基础上的。用传声器拾音不同于人耳听觉，但在很多方面有类似之处。传声器设置在不同的位置,也将获得不同的拾音效果。多轨分期录音普遍采用的是近距离拾音方法,此时传声器拾取到的乐器演奏和听众正常欣赏的效果有很大差别,因为多数人不会在如此近的距离听乐器的演奏。除非是追求特殊的音响效果,近距离拾音通常要对拾取的声音信号进行补偿。架子鼓的音量非常大,房间和距离的因素对鼓的音色影响也非常显著。

图4-3所示的是在三个不同距离上传声器对军鼓的拾音情况,图中显示的分别是军鼓的包络和频谱成分。其中,图4-3(a)显示的是6m处的拾音情况;图4-3(b)显示的是0.75m处的拾音情况;图4-3(c)显示的是军鼓上方7.5cm处的拾音情况。从图中可以看出,军鼓被激发后,从起振到衰减的时间大约为0.4ms。在6m的位置上,房间混响有比较长的衰减过程,在距离鼓面7.5cm的位置上时,房间混响的衰减过程非常短,说明传声器的拾音距离越近,拾取的鼓声信号中损失的房间混响也就越多。从信号的频谱成分来看,在6m和0.75m的位置上,传声器拾取的高频成分还比较丰富,传声器设置在7.5cm的地方时,2kHz以上的频率成分就开始衰减,在8kHz以上的频率范围内,声音信号的能量已经很小,说明传声器的拾音距离跟乐器的音色密切相关。

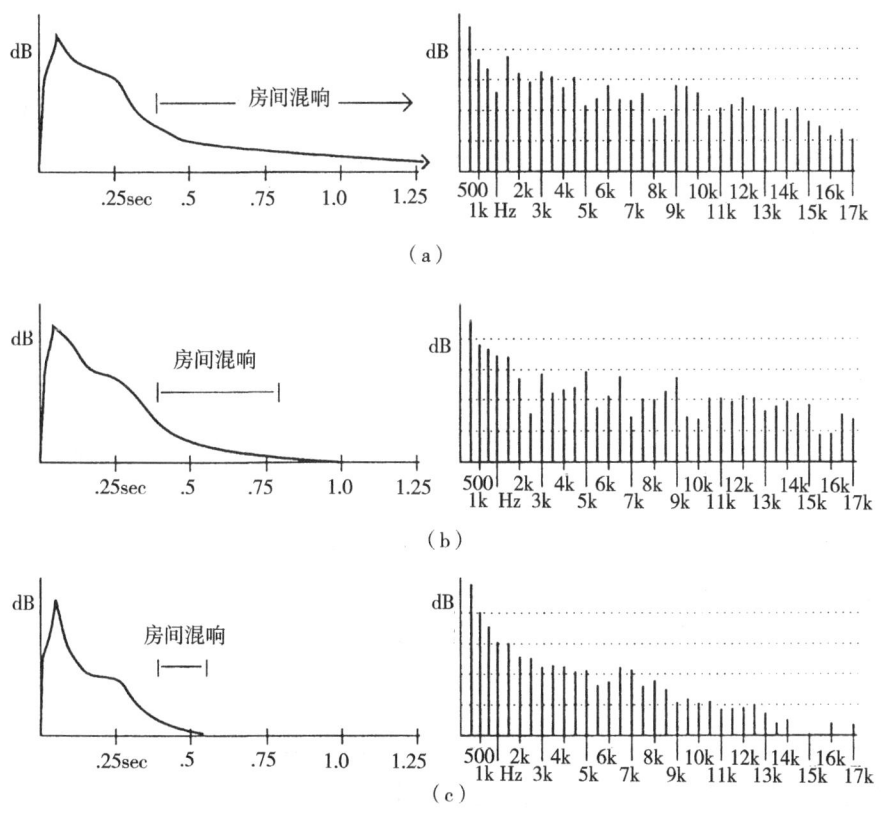

图4-3 在三个不同的距离上,军鼓的包络和频谱成分

鼓手在演奏的时候，耳朵到军鼓的距离大约为 0.9m（3 英尺）。在直达声后鼓手听到的将是各种早期反射声，彼此之间的延时大约为 3~30ms。延时小于 30ms 时，人耳是无法分辨的，所以在人们的印象中，这种早期反射已经成为鼓声的一部分。反射声的存在能够延长鼓声的瞬态响应，提高鼓声的音量。在激发力度相同的情况下，如果演奏房间内没有混响，0.9m 的位置上测得的军鼓瞬态是 23ms，声压级为 105dB。如果演奏房间内有混响，则相同的 0.9m 位置测得的军鼓瞬态将延长到 52ms，声压级达到 112dB。声压级每提高 6dB，声压要增大一倍，信号能量将是原来的四倍，所以在有混响的房间内演奏军鼓，早期反射将使军鼓的瞬态增加一倍，使它的能量是原来的四倍。

为了提高各件鼓乐器的独立性，提高后期制作的空间，以近距离拾音的方法录制架子鼓时，传声器拾取的信号会损失很多房间特性的信息。传声器与声源的距离每减小一半，传声器的输出电平将提高大约 6dB。传声器设置在距离声源 7.5cm 的位置上近距离拾音时，输出的信号电平将比 0.9m 处提高 21dB 左右，而实际的反射声能量却没有增加。在相同的监听电平下分别监听 0.9m 和 7.5cm 处传声器拾取的信号，两个信号中的反射声电平将相差 21dB，这样很多的反射声就会被隐蔽掉。事实上，听众距离架子鼓的距离比鼓手更远，要远大于鼓手 0.9m 的距离，所以听到房间声的成分也会更多。如果听众在演出现场距离架子鼓 9m 的位置听演奏，听到的早期反射声和混响声的能量要占到总声能的 80% 以上。在录音工作中若要恢复近距离拾音损失掉的早期反射声，恢复相对正常的听音效果，就需要录制人员利用声频处理设备对拾取的声音信号进行必要的处理。

二、鼓乐器的拾音

架子鼓的拾音方法有很多，在长期实践中很多录制人员都形成了自己独特的风格。无论采用何种方案，录制架子鼓也应遵循某些基本原则。首先，传声器的设置应根据鼓乐器在音乐作品中的角色和地位确定。其次，使用传声器的数量应本着尽可能少的原则考虑，根据实际需要增加传声器。例如，爵士乐就要求架子鼓的声音具有良好的整体感和动态范围，比较注重各件鼓乐器之间的融合性。所以，拾取爵士乐的架子鼓演奏通常不采用流行音乐或摇滚乐的拾音方式，不采用近距离拾音和较大压缩的处理方法，而是追求各件鼓乐器之间的隔离度和具有冲击感的听觉效果。拾取爵士乐中的架子鼓声音时，录制人员通常采用两只传声器来拾取整套鼓的声音，两只传声器设置在整套鼓的上方，彼此间隔一定的距离。传声器的指向性可以选择心形指向性，或者阔心形指向性，具体可根据房间的声学特性和整套鼓的听觉效果等来确定。为了避免拾取到太多的吊镲声，传声器可设置在相对较高的位置来保持各件鼓乐器之间的整体平衡。架子鼓中低音大鼓的设置与其他乐器略有不同，它的鼓面是垂直于水平面的，鼓皮是在前后方向上振动，而其他乐器基本是与水平面平行设置，形成的振动也基本上是在垂直的方向。为了避免低音大鼓的声音被其他鼓和各种镲片声淹没，拾取爵士乐的架子鼓声时录制人员通常会给低音大鼓单独设置传声器，以加强低音大鼓的声音信号。如果乐曲要求军鼓有较强的冲击感，也可以在军鼓的斜上方单独设置传声器，专门拾取军鼓的演奏，并将拾取的军鼓信号以适当的比例混合到上面的两只传声器中，图4-4所示即为上述拾音方式的示意图。这种拾音方式中传声器间有明显的串扰，难以对乐器进行单独调整和控制，但获得的架子鼓音响具有更自然的空间感，乐器之间有较好的融合度，音响特征更符合爵士乐的风格特色。由此可见，并不是所有架子鼓的录制都需要很多传声器，虽然多传声器拾音是架子鼓录音中经常采用的一种方式，但它的技术特点更适合于流行音乐和摇滚乐的要求，下面我们就将对不同鼓乐器的拾音方法分别进行介绍。

图4-4 适合于爵士乐的架子鼓拾音方式

1. 低音大鼓的拾音

低音大鼓和军鼓是很多流行音乐和摇滚乐中的重要乐器，其中的重要原因是二者基本是整套架子鼓中音量最大的乐器，吸引了更多听众的注意力。所以低音大鼓和军鼓也是录制人员最为重视的乐器，它们的声音质量将直接影响到整套鼓的录制效果。低音大鼓是整套架子鼓中音调最低的乐器，无论是单面蒙皮，还是双面蒙皮，它的低频成分（25~400Hz）都有很大的能量，演奏出的泛音能够延伸到1k~6k Hz的频率范围，强奏时声压级最高可达150dBSPL。从低音大鼓的声学特点来看，采用近距离的方式拾取低音大鼓的声音时，选择的传声器至少要满足两个条件：一是，传声器要能承受比较大的声压级；二是，传声器应能对低音大鼓演奏出的泛音具有较好的频率响应。一般情况下，录制人员近距离拾取低音大鼓的声音都会选择能够承受较大声压级的优质动圈传声器，如Electro-Voice RE20、Sennheiser MD421U、AKG D112、AKG D-12E、Shure SM57、Beyer M380等，都经常用于低音大鼓的拾音，其中以RE20、MD421U和D112这几种传声器的应用最为广泛。这几种传声器都有较好的指向性，用于低音大鼓的拾音可有效防止其他乐器的串音，提高低音大鼓的隔离度。此外，传声器内部都设有滤波器，可以根据需要对过重的低频成分进行衰减。

Sennheiser MD421U 传声器的频率响应在 3k~6k Hz 的频率范围内略有提升,这个频段正是低音大鼓的泛音部分,所以采用 MD421U 拾音将有助于加强大鼓的中高频响应。

摇滚风格的音乐节目比较强调乐曲的冲击感,通常要求能清楚地听到各件鼓乐器的瞬态响应。低音大鼓的体积比较大,鼓皮相对较重,双面蒙皮的低音大鼓被激发后,前后鼓皮将先后振动,致使大鼓的声音瞬态变长,冲击感有所下降。在录制摇滚风格类的音乐节目时,为了获得更快的瞬态响应和更强的冲击感,录制人员常将低音大鼓远离鼓手一面的鼓皮摘下,消除前后鼓皮之间的影响,此时,传声器可以置于鼓腔外拾音,也可以置于鼓腔内。为了进一步控制鼓的低频成分,提高它的瞬态和冲击感,录制人员还可以将毯子等作为阻尼物放在鼓腔内。需要注意的是,此时应将较重的东西置于阻尼物上,或采用其他方法将阻尼物固定在鼓腔内,以免演奏时随着鼓的振动阻尼物的位置发生改变,影响到拾音效果。

两面蒙皮的低音大鼓的一侧的鼓皮上开有声孔,传声器可以设置在鼓皮的位置,或者与鼓皮保持一定距离,正对开孔中心拾取大鼓的声音。因为鼓腔内所有振动产生的声压均从鼓皮的开孔向外辐射,所以传声器在此位置上承受的声压级最高。如果开孔很小,传声器很可能过载,产生过载失真的问题。传声器与鼓面的距离不同,拾取到的声音效果会有明显变化。传声器距离鼓面较近,可以拾取到温暖而饱满的低音大鼓声。传声器远离鼓面时,鼓的高频将会有所增加。低音大鼓开孔的中心,是鼓皮振动基频的波腹,在此位置上能够接收到整个鼓皮振动产生的声音,所以在此位置上设置传声器,拾取的信号会有更均衡的低频响应。

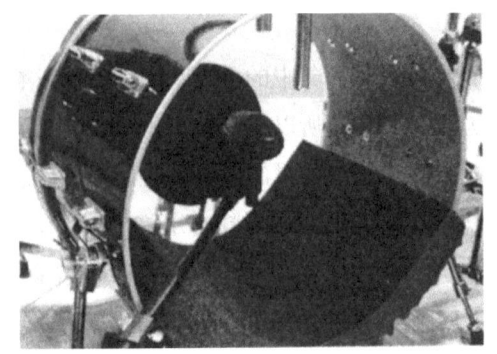 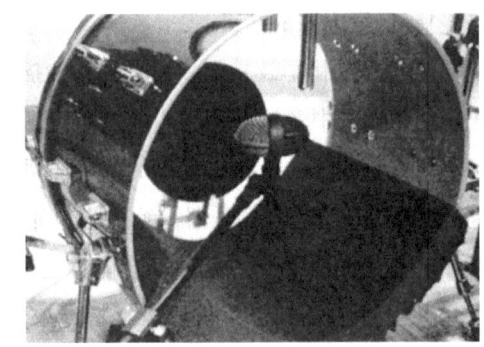

图 4-5 传声器垂直于鼓皮设置　　　　　　图 4-6 传声器与鼓皮成一定的角度设置

如果采用的是心形传声器,并将传声器置于鼓腔内进行拾音,传声器距离鼓槌的敲击点较近,能够拾取到更多的敲击声,同时也将拾取到更多鼓皮的局部共振,正对传声器膜片的波腹所对应的频率成分也要多些。传声器在鼓腔内进行拾音时,如果传声器的轴向垂直于鼓皮设置,如图 4-5 所示,拾取的鼓声会比较低沉而丰满。如果传声器不垂直于鼓皮,而是与鼓皮成一定的角度设置,如图 4-6 所示,此时传声器将能拾取到更多的泛音,信号中过多的低频成分也会相应减少，此外，传声器膜片不垂直于鼓皮，还有助于减小较低的频率成分作用到膜片的能量，避免传声器过载失真。通常，在鼓腔内设置传声器拾音时，传声器不是位于鼓皮的中心，而是在偏离中心的位置。传声器到鼓皮的距离大约为10~20cm，角度稍微朝下，指向低音通通鼓。这样可以将传声器的轴向偏离军鼓和其他通通鼓，利用传声器的指向性减小它们之间的串音问题，从而有可能避免后期制作中再使用噪声门等处理设备。

低音大鼓被激发后会产生很大的声能，所以传声器应安装在比较稳固的传声器支架上，并将传声器支架放置在硬质的地板上。传声器支架设置在木制的演奏台上，会有机械振动通过支架传递到传声器。为了减小机械振动，传声器支架还可以放在具有减振效果的减振垫上。低音大鼓演奏时整个鼓都有比较强的振动，所以传声器不能直接接触到鼓腔内的阻尼材料，否则鼓的机械振动将直接通过阻尼材料传递到传声器。

2. 军鼓的拾音

军鼓的突出特点，是鼓的背面装有弹簧状的响弦，它让军鼓具有了独特的音响特征。在摇滚乐和流行音乐等节目中，军鼓具有非常重要的地位，某种程度上它反映了这些音乐形式的独特风格。对于摇滚风格的音乐节目，如果军鼓的拾音和处理不理想，有可能使整体的声音缺乏冲击感，失去这类音乐应有的特色。相反，对于舒缓的民谣等音乐形式，如果军鼓的效果不能与音乐风格相适应，会给整个作品带来声音尖锐和刺耳的不和谐感觉。也就是说，军鼓的声音具有标志性的特点。在实际的录音过程中，军鼓声的拾取面临着很多困难。首先，军鼓的音量大，距离其他乐器很近，串音问题比较严重，军鼓声容易被其他乐器的传声器拾取，后期制作很难保证它的声音的稳定性。其次，军鼓自身的共振，以及同其他乐器的共振问题比较严重。所以说，军鼓在音乐中的重要性，以及录制军鼓的难度，决定了录音师要格外重视军鼓的拾音工作。

多数情况下，录制军鼓演奏是采用近距离拾音的方式。近距离拾音能明显地反映出军鼓振动的稳定状态和衰减细节，但也容易拾取到伴随演奏出现的各种鸣响和局部共振。在后期制作中，录音师经常采用噪声门来改善军鼓的声音包络，突出它的音响特点，但是对鸣响和共振这些问题难以处理，所以这些问题最好是在前期录制的过程中就予以解决。在前期录制的过程中，经常是采用减振的方式解决军鼓出现的鸣响和共振问题。简单的做法是在共振比较明显的边缘鼓皮上，粘上胶带或其他阻尼物，降低鼓皮共振的能量。此外，也可以采用Noble和Cooley公司专门为鼓设计的减振器，这种减振器是用非常薄的塑料制成的圆环状阻尼物，能恰好沿着鼓的边缘覆盖在鼓皮上，减振效果非常明显。

在军鼓录制的过程中，需要重点考虑的另一个问题是响弦对军鼓声音的影响。响弦是军鼓特有的配件，激发军鼓的上鼓皮后，安装在下鼓皮上的响弦也将随之振动。如果响弦调整得比较松，其他鼓乐器演奏时也极易引起军鼓响弦的振动。要想抑制响弦的共振，可适当把响弦调整得紧些，也可以选择使用其他更宽或者更细的响弦。如果响弦的振动比较强烈，可以用胶带等阻尼物给予减振，或者在响弦的一侧或两侧，附着些棉纱等阻尼物。用很细的胶带将响弦固定在边缘的鼓面上，同样能起到抑制响弦振动的作用，这种方法相当于缩短了响弦的长度。从理论上来讲，调整鼓皮的张力也能抑制响弦的振动，不过每只军鼓的共振频率是不一样的，所以这种方法有时可能无法解决出现的问题。

一般情况下，适当调低军鼓的鼓皮张力，可以消除军鼓经常出现在 200Hz 左右的共振。如果军鼓的下鼓皮在 100Hz 左右的能量比较大，则可以利用这种情况减小军鼓和高音通通鼓之间的串音。主要原因在于军鼓的上鼓皮距离高音通通鼓比较近，很难在该频段进行有效隔离，如果下鼓皮在这个频段的能量较大，就可以适当地提升拾取的下鼓皮信号，衰减上鼓皮的低频，不过这种情况并不是经常发生。

军鼓拾音可采用一只传声器拾取上鼓皮的振动和敲击声，也经常采用两只传声器分别拾取上鼓皮和下鼓皮的振动，两种拾音方式产生完全不同的声音效果，具体应根据音乐作品的需要来确定拾音方案。采用近距离拾音技术拾取军鼓的声音，如果军鼓的鼓腔长度为 15cm，传声器设置在鼓皮上方 7.5cm 的位置，那么传声器到下鼓皮的距离就是 22.5cm，大约为传声器到鼓皮距离的三倍。在上、下鼓皮辐射能量相同的情况下，传声器拾取的下鼓皮信号将比上鼓皮低 9dB，这种衰减是很难用压缩或均衡来补偿的，产生的听觉效果与人们在现场听到的军鼓声存在很大差异，因为现场听到的军鼓声包含了上下鼓皮振动产生的直达声和反射声。多数厅堂和房间的反射界面对中频成分的反射能力都要强于高频和低频，由于军鼓响弦声的能量大多集中于 1k~4k Hz 的频率范围内，所以通过房间的反射，军鼓响弦声的电平相对会有明显提升。采用一只传声器近距离拾取军鼓的上鼓皮声，拾取的声音就将损失掉反射声，导致拾取的军鼓声比较沉闷，缺乏军鼓所特有的爆破力。

军鼓辐射的频率范围很宽，它的基频范围在 100~200Hz 左右，泛音可以达到 15kHz。军鼓还拥有很高的声压级，强奏的军鼓声能够达到 150dB，甚至更高。针对军鼓的这些声学特点，录音师通常选用优质的动圈传声器对它拾音，如 Sennheiser MD421U、MD441。这两种传声器的频响在 3k~5k Hz 范围内均有一定提升，能够获得比较明亮的军鼓声。特别是 MD441，它的高频补偿开关打开后，能使它在 5kHz 以上产生高达 6dB 的搁架式提升。两种传声器均设有低频衰减功能，必要时还可利用衰减器有效减小低音大鼓的串扰。Electro-Voice RE15 和 RE10 两种传声器也经常用于拾取军鼓声，它们在低频段有更加陡峭的衰减，而高频响应较为平缓。采用这两种传声器拾取下鼓皮声，不但可以更好地防止串音，还能使明亮的响弦声更加细腻些。其他经常用于军鼓拾音的传声器还有 Shure SM57 和 58s 等，也有用 Neumann KM84 电容传声器来拾取军鼓声音的。电容传声器拾取的军鼓声具有坚实和爆破力强的特点，但是如果鼓手演奏的力度很大，将会造成传声器的过载。采用 Shure SM81 电容传声器拾取军鼓的声音，也能获得非常明亮的声音效果，同样这种传声器也不适合在声压级太强的情况下使用。用于军鼓拾音的传声器，如果设有低频衰减开关，应注意将衰减频率选择在 100Hz 以下，否则衰减处理将会影响到拾取的军鼓声的基频成分。选用心形传声器近距离拾取军鼓声，还应注意传声器的低频近讲效应，必要时应适当对高频进行提升或衰减低频。

无论是采用一只传声器，还是两只传声器拾音，拾取军鼓声音的传声器都应当避免设置在鼓的边缘垂直于鼓皮处。特别是选用锐心形或超心形传声器的情况下，二者的拾音角相对更小，垂直设置传声器将进一步减小传声器的拾音范围，使其拾取到更多的局部振动。传声器的轴向与鼓皮的角度越小，覆盖的拾音范围就越大，拾取的鼓皮振动也就越全面。通常，拾取军鼓声的传声器应设置在远离鼓手一边的斜上方，这样不会影响到鼓手的演奏。传声器的轴向与鼓皮成一定角度，这样便于拾取到整个鼓皮的振动，如图 4-7 所示。军鼓下方的响弦是重要的拾音对象，设置军鼓下的传声器时应注意使其兼顾拾取响弦的声音。当传声器的轴向与响弦的方向一致时，传声器的拾音范围容易覆盖整个响弦，拾取到整个响弦的振动。当传声器的轴线与响弦在水平面内垂直时，传声器覆盖响弦的范围最小，也就难以全面拾取响弦的振动情况。

图 4-7 采用一只传声器拾取军鼓　　　　　图 4-8 采用两只传声器拾取军鼓

理论上，军鼓上、下鼓皮的张力调整得非常接近的话，两只传声器都能拾取到军鼓的基频。但是，设置拾取上鼓皮振动的传声器时需要考虑鼓手演奏的方便，所以实际只有下面的传声器才有可能设置在更接近鼓皮中心的位置，才有可能拾取到更多的基频成分。要想增强军鼓中基频成分的比例，可以通过适当增加下面传声器拾取的军鼓信号在拾取的整个军鼓信号中的比例来实现，前提是鼓皮下方的传声器同低音大鼓的串音不是很严重，否则低音大鼓的串扰将会影响到军鼓的声音效果。

在军鼓声压级不是很强的情况下，上鼓皮可以选用电容传声器来拾音，但下鼓皮很少采用电容传声器。一方面，电容传声器的灵敏度比较高，很难解决低音大鼓的串扰问题，而且在相同的位置上，吊镲串扰也要比动圈传声器明显得多。另一方面，电容传声器的频率响应宽而平直，在军鼓下方以近距离拾音容易造成响弦声过于清晰，整体效果不好的问题。实际的应用中，军鼓下方多采用 MD421、MD441、SM57、58s 和 RE15 等动圈传声器拾音，传声器以一定的角度沿着响弦的方向设置，轴向指向鼓手的胸部附近，最大限度地拾取包括响弦在内的下鼓皮振动，同时尽量减小同吊镲等其他乐器间的相互串扰。

用两只传声器对军鼓进行拾音的情况下，混合拾取信号时还应注意两个信号之间是否存在电相位的问题。因为上鼓皮被激发后，上下鼓皮几乎是同时向下移动，上方传声器周围的空气会相对稀疏，下方传声器周围的空气将被压缩，两传声器拾取的信号很容易出现严重的反相问题。检查上下传声器拾取的信号是否存在反相问题，可以通过主观的方式判断。具体录音师可以通过调音台将两个信号的电平调整一致，并且利用调音台上的反相开关进行反复比较试听。如果两信号同相，军鼓应当有更多的低频成分和冲击感。不过，在实际的拾音过程中，两信号完全反相的情况非常少见，更常见的是部分反相，而且频率不一样，反相的情况也不尽相同，此时，究竟选择何种混合方式并没有一定的规律，可以根据音乐的风格和感觉做出选择。

录制摇滚风格的音乐节目时，录音师总是希望各乐器拾取的声音信号间能有足够的隔离度，为后期制作提供足够的创作空间。如上所述，录音师可以利用传声器的指向性和轴向控制来避免军鼓和其他乐器的串音，但是架子鼓各乐器之间的距离太近，军鼓和通通鼓在结构上又非常相似，吊镲和军鼓的鼓皮几乎是平行的，非常容易成为其他乐器的反射面，所以实际隔离效果往往不能满足制作的要求。为了能使军鼓以及其他乐器有更好的隔离度，传声器设置好后录音师还可用遮挡的方式来改善隔离度的问题。如可以用比较薄的小块毛毡套在传声器上，并以适当的方法固定，让传声器的前面形成一个锥形圆筒，它能隔离传声器轴向以外串扰的高频信号，还可以根据需要调整锥形底面的大小，以获得更好的隔离度。用这种方法减小吊镲在军鼓信号中的串音，能将来自吊镲的高频信号衰减 10dB 左右。当然，采用这种方法也可能产生某些负面效应，如很多传声器的指向特性是利用各方向入射的声波和进入传声器外壳后的声波形成的干涉作用形成的，如果传声器被毛毡等材料遮住，势必会损失部分传声器的原有特性。采用这种方法防止串扰一定要特别小心，只有感觉到非常有必要的时候才可以使用，而且使用的时候也应当注意少用，例如可以只对串音比较严重的军鼓使用。在实际的应用中，还需反复地比较加上毛毡前后信号的变化，然后对毛毡进行调整，才能确保传声器拾取的声音质量。

3. 踩镲的拾音

相对于低音大鼓和军鼓，踩镲的录制要相对容易些。可根据需要的音色考虑选择拾取踩镲声音的传声器。如果音乐作品要求踩镲具有明亮而尖锐的声音，可以考虑使用心形指向性的电容传声器，如 Neumann KM84、Shure SM81 等。如果作品要求踩镲具有较为平缓而透明的声音，则可以选用动圈传声器，如 Sennheiser MD441、Electro-Voice RE15 等。无论选择何种类型的传声器拾音，传声器与上镲片的距离都不应小于 10~15cm，拾音距离太近容易出现开镲电平和闭镲电平相差太大的问题。通常，传声器是以一定的角度设置，传声器轴向指向鼓手的右侧，能避免传声器拾取到太多的吊镲声和附近的鼓声。踩镲的音色与传声器的拾音位置有密切关系，不同的拾音位置将获得不同的音色。如果传声器设置在镲片的上方，如图 4-9 所示，传声器将拾取到更多的敲击声。如果传声器靠近镲片的中心，拾取的镲声容易产生振铃效果。传声器设置在镲片边缘的上方，如图 4-10 所示，传声器将能拾取到比较明亮的镲片声。需要注意的是，传声器设置应当避免轴向正对镲片的开合处，如图 4-11 所示，镲片的开合处会产生一定的气流，传声器正对开合处拾音极易拾取到明显的气流噪声。

图 4-9 传声器设置在镲片的上方拾音

图 4-10 传声器设置在镲片边缘的上方拾音

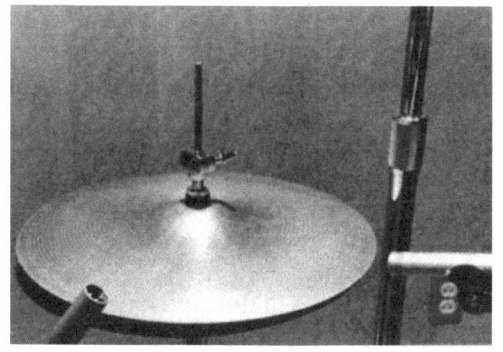

图 4-11 传声器正对镲片的开合处拾音

图 4-12 采用一只传声器拾取军鼓和踩镲的声音

另外，在上述使用较少传声器拾取整套架子鼓的情况下，军鼓和踩镲的距离比较近，很多人经常用一只传声器来同时拾取军鼓和踩镲的声音，调整传声器相对于军鼓和踩镲的位置，能很好地平衡二者的声音。

4. 通通鼓的拾音

通通鼓也是声压级较高的乐器，具有较长的稳态过程和衰减过程，频率成分主要集中在 8kHz 以下，8kHz 以上的频率成分很少。通通鼓的声音应具有充分的共振和平缓的衰减过程，尽量避免声音的颤动。为了获得这种理想的效果，录音前应对通通鼓进行细致调校，还要防止各件乐器之间存在硬性连接，尽量避免各种机械振动影响到通通鼓的演奏效果。录制通通鼓经常是选用动圈传声器，如 Sennheiser MD 441 和 MD 421。这两种传声器在中高频有一定的提升，在低频段有连续变化的低频滚降衰减，非常适合于通通鼓的频率响应，经常作为拾取通通鼓演奏的首选传声器。Electro-Voice RE15 具有较好的瞬态响应和指向性，能在一定程度上减小吊镲的串扰，在实践中也得到了广泛应用。另外，Shure SM57、58s 也经常用于通通鼓的拾音。

为了避免影响鼓手的演奏，拾取通通鼓声音的传声器应靠近鼓的边缘设置，轴向指向鼓手的腰部，并与鼓皮成一定角度，如图 4-13 所示。这样能避免其拾取过多的局部振动，使其获得较为丰满的通通鼓声音，使各频率成分间的平衡也很好。传声器的拾音距离较近时，鼓的音色会略显沉闷，在稍远的距离上拾音，则能获得更为生动的音色。但是，此时传声器的轴向也正好对着临近军鼓，有时会产生非常严重的串扰，还会与拾取军鼓声音的传声器产生一定的相位干涉。在这种情况下，即使是在录制中采用噪声门处理，效果也不是太好，因为军鼓信号的电平太强，噪声门可能会处于总被打开的状态。

图 4-13 高音和低音通通鼓的拾音

图 4-14 低音通通鼓的拾音

解决这种军鼓串扰的问题，从信号处理的角度很难完成，只能从传声器的设置方面予以考虑。例如，可以让传声器的轴向偏离军鼓的方向，同时加大传声器与鼓面的角度来减小军鼓的串音，但这样通通鼓的音色就要受到一定影响。另外一种解决方法，是以 XY 的拾音方式将传声器设置在两个通通鼓的上方，两只传声器的轴向分别指向两边的通通鼓，传声器与军鼓的倾角至少保持在 45 度以上。采用成对的传声器拾音时，两传声器的信号混合后会使鼓的低频成分提高大约 6dB，所以还需进行一定的低频衰减。

有时录制通通鼓的时候录制人员还会采取将下鼓皮卸下的方式拾音，卸下鼓皮后，传声器可以设置在通通鼓的鼓腔内。这种方法能够有效地改善串音问题，但拾取的音色低沉，不够丰满，缺乏弹性。在用较少的传声器录制架子鼓的时候，也可以在两只通通鼓的中间设置传声器，用一只传声器同时拾取两只通通鼓的声音，不过鼓的声像问题将无法解决。

5. 整个鼓乐器组和吊镲的拾音

架子鼓的拾音较为强调各件乐器的隔离度和独立性，以便后期制作能有足够的空间对每件乐器进行独立控制和调整。这种要求是出于制作工艺上的考虑，并不意味着能够满足音乐艺术的需求。传声器拾取的各件乐器声音是整套鼓的有机组成部分，就像交响乐队中的各件乐器和各个声部，它们之间各种相互关系和相互作用才构成了架子鼓的音乐性。拾取架子鼓的演奏强调各件乐器的个性，更要注重它们的整体性，必须设置能够拾取整套架子鼓声音的传声器，提高演奏重放的融合度和整体感。吊镲处在整套架子鼓的最上方，通常不会单独设置传声器。合理设置拾取整套鼓演奏的传声器，兼顾吊镲的拾音，通常能够获得满意的吊镲演奏效果。

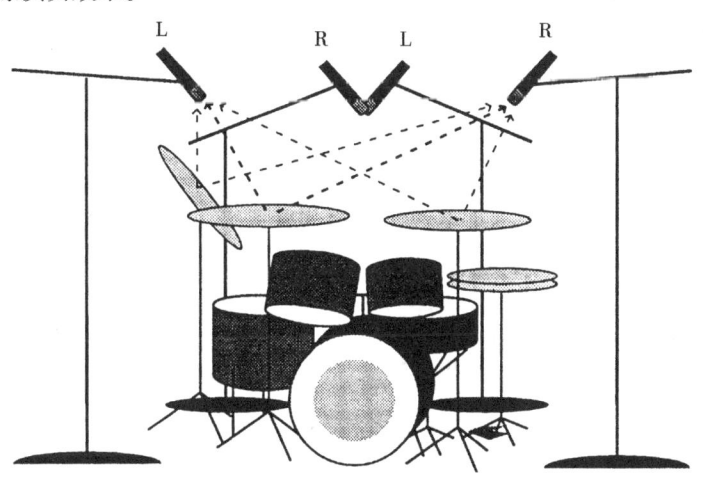

图 4-15 架子鼓整体拾音示意图

整体拾取架子鼓演奏的传声器的设置方法有很多，通常是各有利弊，具体采用何种方式应由架子鼓在音乐作品中的作用来确定。实践中经常采用的方法有两种：一种方法是在两边吊镲的上方分别设置传声器，兼顾整体和吊镲的拾音；另一种方法是在架子鼓上方组成 XY 立体声拾音方式来拾取架子鼓的演奏，如图 4-15 所示。传声器多数选用电容传声器，也可以采用动圈传声器。电容传声器的灵敏度较高，具有较好的瞬态响应和高频响应，拾取的声音明亮而清晰，能获得较强的力度和冲击感，适合于摇滚乐、布鲁斯和舞曲中的架子鼓拾音。常用的电容传声器有 Neumann U87、KM89 和 AKG 414，其中 U87 和 KM89 拾取的声音非常明亮，AKG 414 的声音要相对柔和。用动圈传声器或铝带式传声器拾取整个架子鼓的演奏，能够获得非常柔和的声音效果，整体的空间感也比较好，适合于相对柔和的爵士乐、民谣和轻音乐中的架子鼓拾音，常用的动圈传声器有 Sennheiser 460s、441s 和 Electro-Voice RE 55s 等。

整体拾取架子鼓演奏的传声器要兼顾拾取房间反射声和混响声，拾取架子鼓演奏的空间感，所以，录音师选择和设置传声器的同时还应考虑录音现场的结构、体积和架子鼓上方的空间高度，以及音乐作品所需的空间感。如果现场的空间体积较小，可以选择全指向性传声器，并将传声器设置在距离地面大约 2m，或者距离吊镲大约 0.6m 的位置，两传声器之间的距离应至少为 0.6m。这种情况下，偏离中心的各件乐器声音到达两传声器时将存在时间差，单声道重放后会导致某些频率成分被抵消。图 4-16 为单声道重放前后吊镲的频谱图。图 4-16（a）为一只传声器拾取的吊镲频谱，图 4-16（b）为两只传声器拾取的声音混合后吊镲的频谱。从图中可以看出，两传声器拾取的声音混合后，2kHz 以上的频率出现了明显衰减，频率抵消的现象非常突出，因此录音师用存在一定间距的两只传声器整体拾取架子鼓演奏的时候，检查单声道兼容性是非常重要的。如果录音现场的房间比较高，可以选用心形传声器拾音，并将两只传声器组合成 XY 的拾音方式。传声器可设置在鼓手头部的上方，距离地面的高度约为 2.2~2.5m，比采用全指向传声器的高度稍高，传声器的轴向分别指向左右两侧。采用 XY 拾音方式能够获得比较自然的立体声声像，不会出现相位问题和中间空洞的现象。

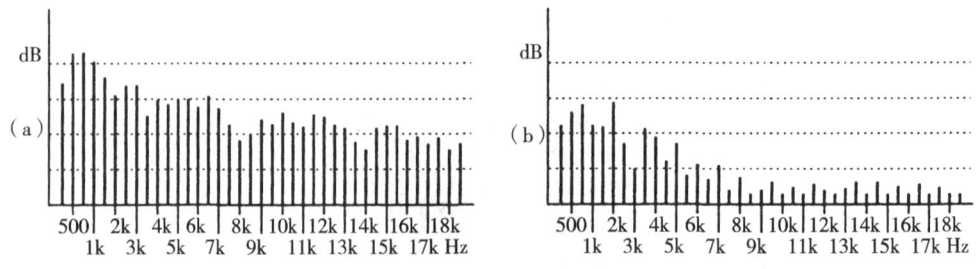

图 4-16 吊镲单声道重放前后的频谱成分

整体拾取架子鼓的演奏也可选用 PZM 传声器。传声器可以安装在支架上，也可以直接固定在墙壁上或天花板上，图 4-17 是将 PZM 传声器固定在墙壁上的示意图。比较而言，将 PZM 传声器安装在墙壁上或天花板上拾音，比安装在传声器支架上拾音能够获得更好的立体声空间感。

图 4-17 采用 PZM 传声器对整套架子鼓进行拾音

吊镲演奏的声音信号由负责整体拾音的传声器拾取，调整传声器的高度可以使吊镲的演奏和其他鼓乐器的演奏取得平衡，使吊镲的声音融合到整个架子鼓的演奏中。我们整体听架子鼓的演奏时，会感觉吊镲的声音信号中只存在 2kHz 以上的频率成分，实际上，吊镲具有非常宽的频率范围。直径为 50cm 的叮叮镲演奏的最低频率可以达到 50Hz，音调较高的镲片演奏的高频能够达到 20kHz 以上。产生上述听觉感受的原因，是在吊镲的频谱分布中，高频成分相对于低频成分所占的比例很大。但串扰的低频信号对鼓的弹性和力度等方面影响不大。

镲基本上属于刚性的金属膜片。用鼓槌击打镲片的一侧时，激发点一侧的镲片将向下偏转，同时形成一个扇形的反作用力，使另一侧的镲片向上偏转。声波的振动通过镲片传递，在金属介质中它的传播速度非常快，意味着在激发点一侧镲片向下偏转的同时，另一侧的镲片将向上偏转，两侧振动发出的声波将出现反相的情况。这样，在较远的位置听音时，镲声中几乎所有的低频成分将被抵消。如果传声器是设置在镲片中心的上方 0.9m 左右的位置拾音，镲片声中的低频成分将很少，但传声器设置在镲片边缘的下方拾音，就能拾取到较多的低频成分，如图 4-18 所示。左侧图片是三种镲片的上方用全指向传声器拾音获得的信号频谱，传声器到镲片的距离为 0.9m。右侧图片是在三种镲片边缘的下方以同样的传声器拾音获得的信号频谱，传声器距离镲片的距离为 15cm。

显然，拾取军鼓、通通鼓和踩镲声音的传声器都位于吊镲边缘的附近下方，如果传声器设置不合理的话，它们都将会拾取到类似于图 4-18 右侧频谱的吊镲串音。这些串扰信号与镲片上方传声器拾取的信号间将存在相位差，所有传声器的信号在调音台上进行混合时，就会出现信号的某些频率被抵消或加强的情况，致使吊镲的立体声声像定位模糊不清。合理设置传声器，加强各鼓乐器间的隔离度，以及防止吊镲的串音，都是架子鼓拾音工作中需要非常重视的问题。在实际的拾音过程中，吊镲真正产生的问题发生在 1k~3k Hz 的频率范围内，如果选用的镲片较重或者较厚，这个频段的信号将有比较大的能量，稳态过程也相对较长，对军鼓和通通鼓造成一定的隐蔽作用，导致军鼓和通通鼓的清晰度和明亮感下降。拾音过程中出现这种问题时，通常录音师可在镲片的边缘粘些稍微厚点的胶带，以此来抑制这些中高频段的振动。对于摇滚乐、爵士和重金属等类型的音乐，要想拾取到比较理想的架子鼓效果，最好录音时选择比现场演出更薄些的镲片，这样能使吊镲中的低频能量有更快的衰减。

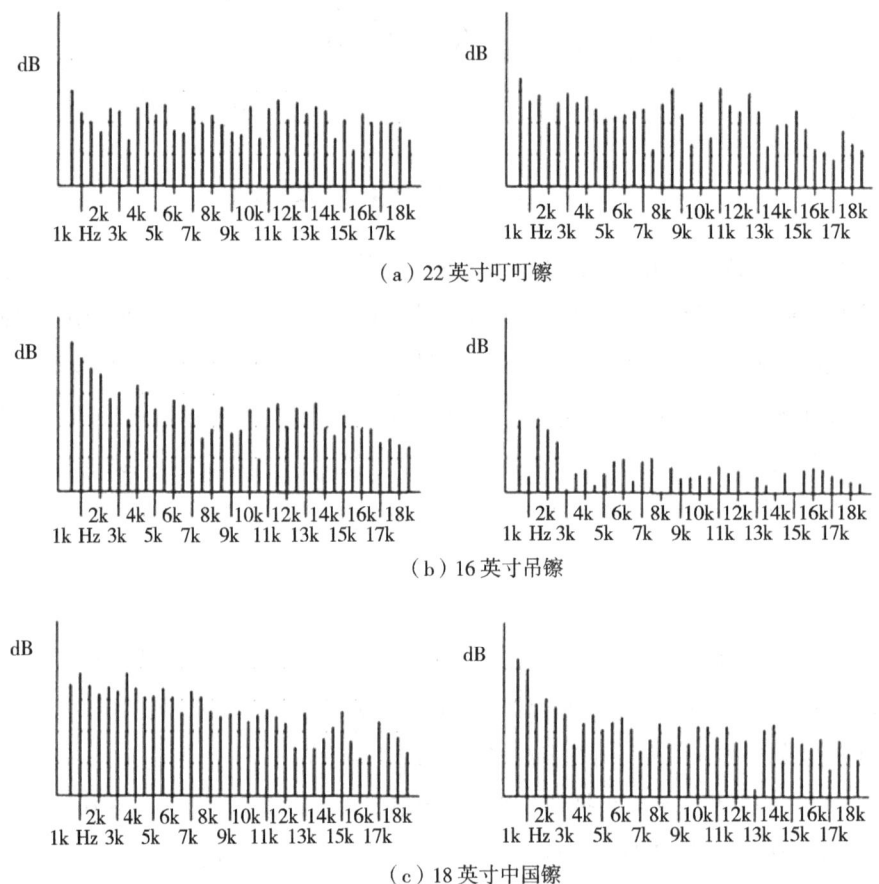

图 4-18　全指向性传声器分别在三种不同镲片上方和下方边缘处拾取到的镲的频谱成分

用传声器对整套架子鼓拾音，可以得到更平衡的架子鼓效果，因为不存在，或只有很少的低频近讲效应，并且拾取的声音要比各点传声器拾取的声音更加明亮。从理论上来看，负责整体拾音的传声器能够拾取到更加明亮的鼓声，但是吊镲在 1k~3k Hz 的频率范围内有较高的能量，会使鼓声的明亮感有所下降。为了解决这个问题，可以利用均衡器对拾取整套架子鼓声音的传声器的中高频信号进行适当衰减，突出近距离传声器拾取的高频成分，保证整套架子鼓声音的平衡。

第二节 低音提琴和电贝斯的拾音技术

无论在何种类型的音乐作品中，低音提琴和电贝斯都是乐队中的主要低音乐器，担任着乐曲的低音声部，是音乐旋律与和声的基础。标准的低音提琴能辐射出的频率范围为 30~10 000Hz，主要的能量集中在 500Hz 以下。低音提琴最低的弦是 E 弦，频率大约在 40Hz，但它的实际频率下限能延伸到 30Hz 左右。这主要是演奏方式的原因，因为多数低音提琴拨奏时能辐射出更低的频率成分。这种演奏方式反映出来的瞬态，能使低音提琴或电贝斯具有一定的冲击感，所以录音师录制时不能轻易对信号极低的频率进行深度衰减。无论采用何种演奏方式，低音提琴或电贝斯辐射的高频谐波能量都很弱，但这样能使其在摇滚乐队或管弦乐队中显得更突出。总之，低音提琴或电贝斯是较难录制的乐器，不同类型的低音提琴或电贝斯还会存在不同的问题。

一、低音提琴的录制

1. 低音提琴的基本声学特性

低音提琴是弦乐家族最大的乐器。在标准低音提琴的基础上，低音提琴还有几种不同的尺寸，最大的是五弦低音提琴，它的低频下限可达 27Hz。无论是拉奏，还是拨奏，低音提琴的动态范围均能达到 30dB 以上，某些频段上瞬态特性非常陡峭，甚至接近于打击乐中的低音大鼓。

低音提琴是通过琴弓激发琴弦振动，琴弦的振动通过琴马会首先传递到琴的前面板，然后由前面板传递到整个琴身及其内部的空气中，并在琴弦振动的频率上产生共振，将声音的能量放大后辐射到周围的空气中。图 4-19 为低音提琴的侧面图和俯视截面图。不同于前述的鼓乐器，低音提琴的琴身是不规则的，而且前、后面板的厚度和弧度也是变化的。琴的前面板要通过琴马承受琴弦的拉力，所以前面板要比后面板厚，面板变化的弧度有助于其在较宽的频率范围内辐射低音提琴的中高频谐波成分。如果面板是平的，没有弧度，就只能放大低频提琴某个频率的声音。不难看出，低音提琴的振动方式比鼓乐器复杂很多，图 4-20 显示的是振动频率分别为 540Hz 和 800Hz 的情况下，干涉仪观测到的低音提琴的振动情况。图中灰色区域是不发生振动的部分，黑色区域为振动部分。在面板振动的区域内，越靠中心的部分，面板的振动幅度越大。从图中可以看出，540Hz 的振动主要集中在面板的左侧，而 800Hz 的振动则由三个较小的区域组成。

低音提琴前后面板振动弯曲的弧度一致时，会与乐器的最低频率产生共振。由于琴身在 f 孔的附近被上下分为两部分，所以每部分的面板还会有各自的共振特性，它们将分别放大两个相对较高的频段，而且，在每部分面板内相对更小的区域里，面板还将与更高的频率产生共振。琴身内主要的空气共振要受琴身高度、宽度和深度影响。对于不同的琴身尺寸，琴身内的空气能在很窄的频带内产生共振，共振频率的波长约为各自大小的4倍。例如，如果低音提琴的琴身高度、宽度和深度的尺寸分别大约为135cm、75cm和25cm，那么主要的空气共振频率将分别是65Hz、110Hz和320Hz。低音提琴的琴颈看起来不会随着琴身发生振动，实际上，当拨弦的力度非常大时，琴颈也要发生一定的前后振动，它的振动频率取决于琴颈的长度、重量和硬度，以及琴颈与琴身结合的方式。综合以上的各种共振，琴弦振动产生的所有声音，都能被低音提琴放大，但是不同声音之间的放大幅度不同。在演奏力度保持不变的情况下，即使是最好的低音提琴，各音符上的音量也将有3~6dB的变化，尤其是对于较低的谐波成分，其放大的幅度更不均匀。

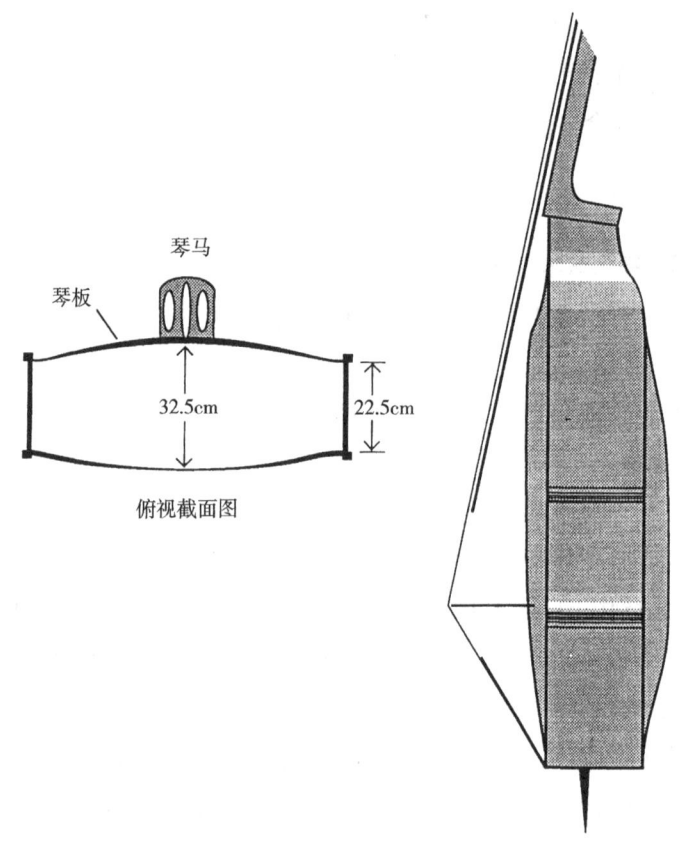

图4-19 低音提琴的侧面图和俯视截面图

低音提琴的琴弦振动方式，类似于前面介绍的鼓皮振动。最简单的振动方式，是有一个波腹位于琴弦的中间，两个波节分别位于琴马和弦枕处，第二种振动方式是有两个波腹，三个波节，其他振动方式以此类推，它们将分别产生低音提琴的高次谐波。各种振动方式相对的能量大小，是由琴弦上的演奏位置来决定的。如果拨弦的位置位于琴弦的中间，则基频和奇次谐波的能量要相对大些；如果是在琴弦1/4处的位置拨奏，则偶次谐波听起来会更平衡些。拨奏的位置越靠近琴马，琴声中的基频成分就越少，高频谐波就越丰富。图4-21

是在三个不同位置上，以相同力度拨奏的频谱，拨奏的频率为100Hz。

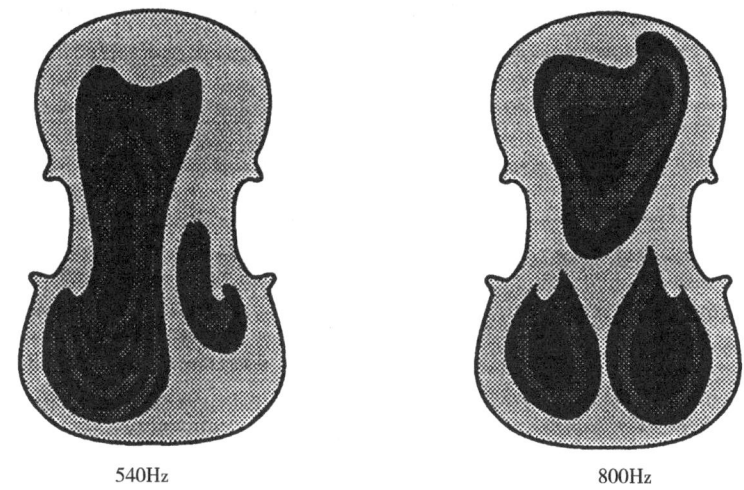

图 4-20 低音提琴在 540Hz 和 800Hz 的振动情况

用琴弓拉奏低音提琴的演奏方法，在某种意义上相当于琴弓的每根马尾在不断地快速拨动琴弦。琴弓拉奏琴弦经常会产生一些不和谐的高频成分和机械噪声，这些噪声的频率甚至会超过10kHz，但是它们的能量比乐器的低频要小很多（小提琴相对要大很多）。低音提琴各频段上的相对能量由演奏的位置决定，但是无论演奏哪个音符，这些高频噪声的成分则相对稳定，因此低音提琴的演奏有时会显得很尖厉，而有时又感觉非常柔和。琴弓

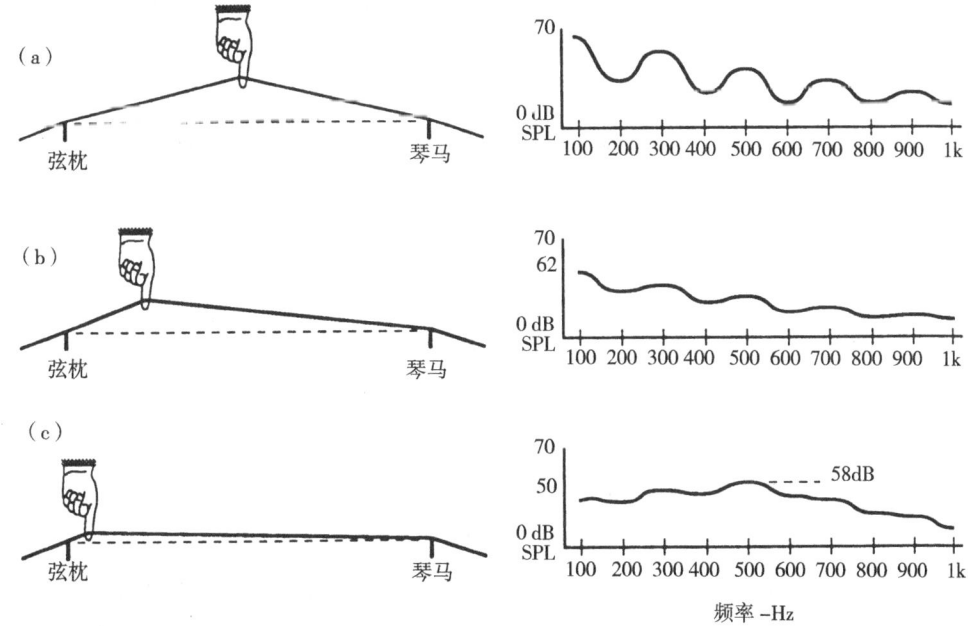

图 4-21 用相同力度在三个不同位置上拨奏 100Hz 的声音时，低音提琴的频谱成分

产生的高频噪声属于音乐内容以外的部分，甚至可以说是多余的部分，却是反映低音提琴现场感不可缺少的重要组成部分，所以在拾音和后期制作的过程中应对此给予充分考虑。

拨奏低音提琴的琴弦，琴弦能在任何方向上振动，用琴弓拉奏琴弦，琴弦将主要以横向（平行于前面板）振动为主。在琴弓的作用下，琴马的横向振动要大于上下振动，前面板接受的基频和较低次的谐波能量也相对较小，所以低音提琴拉奏出来的声音要比拨奏出的声音更明亮些，琴弓和琴弦摩擦出的不和谐声和机械噪声的比例也要更高。基于这个原因，录制和处理拉奏的低音提琴时，应尽量避免琴声过于尖厉和明亮。不过，当作品中既有拉弦，又有拨奏时，就很难找到合适的方法保证两种演奏方式均有理想的效果。

2. 低音提琴的拾音技术

录制低音提琴演奏通常是根据特定的琴声、录音环境的声学特性和音乐作品的需要来选择传声器。电容传声器拥有良好的瞬态特性，5kHz以上的频率响应比较平直，能够拾取到更具现场感的琴声，录音师经常选用它来拾取低音提琴的声音。采用近距离拾音方式时，较为常用的电容传声器有 Neumann U87、KM89、U47 等型号。这些传声器有非常明亮的高频响应，拾取的小提琴声和中提琴声往往有刺耳的感觉，但在拾取低音提琴声时却有助于提高低音提琴的现场感和穿透力。如果需要录制声音相对柔和的低音提琴，通常可选用 AKG 414 或 C-451，传声器的指向性可选择心形或全指向形。如果期望得到更加柔和而丰满的低音提琴声，就可以选用优质的动圈传声器，如 Sennheiser 421U、441 以及 Electro-Voice RE 20 等传声器。

低音提琴的体积比较大，在较远的距离拾音时，传声器拾音角容易覆盖到整个琴体，拾取的琴声趋于平衡和丰满。采用近距离的拾音方式，传声器拾音角很难覆盖到整个琴体，也就难以得到比较平衡的声音。通常，拾取低音提琴演奏的传声器可设置在距离琴身约30cm处，左（或右）f孔上下的位置上。在该位置拾音不但可以拾取到琴弦、面板和整个琴身，及其内部空气的振动，而且拾取的琴声能获得较好的平衡感。如果是单件乐器拾音，或不存在串音问题，则可以选择全指向传声器，这样能扩大拾音范围，同时也避免了指向性传声器所具有的低频近讲效应。另外，在较近的距离拾取低音提琴声时，应当注意避免拾取到过多的机械噪声。如果选用的是心形传声器，可以利用传声器的指向性，避开弓弦摩擦产生的噪声。如果选用的是全指向性传声器，则可以用小块的毛毡做适当隔离。

录制低音提琴可以用多只传声器进行立体声拾音，特别是在为减小串音而采用心形传声器拾音的情况下，这种方法可以进一步扩大传声器的拾音范围，避免过多地强调局部共振，此外，立体声拾音还可以使低音提琴具有一定的声像感和更好的空间感。设置多传声器拾取低音提琴声时，传声器不是必须对称于琴弦设置，只要保证两只传声器的电平大致相同，各传声器的拾音距离也可根据需要设定。事实上，低音提琴的体积比较大，若将两只传声器上下设置，甚至是两只传声器都设置在琴弦的一侧，会更有利于拾取琴身上下两部分各自不同的共振。不过，采用多只传声器拾音还应特别注意传声器间的相位问题。

有时，录音师也用微型传声器来拾取低音提琴声，具体的方法是把微型传声器固定在琴马的下方。这种拾音方式拾取的琴声较为坚实，但缺乏空间感，有点像电贝斯的音色。这种拾音方式多用于扩声的场合，主要是通过提高拾音电平来避免通路增益过高而出现回授现象。

二、电贝斯的录制

类似鼓乐器，贝斯在不同类型的音乐中也担负着不同的角色，贝斯的声音也应适合于作品的需要，而且，有些音乐中的贝斯和鼓都比较突出于其他乐器，在这种类型的音乐中声音的适合性就更为重要。如果贝斯是用于配合低音大鼓加强乐曲节奏的，并以持续的低音支撑和铺垫乐曲的旋律与和声，贝斯的声音就应更加丰满，具有较长的稳态过程。如果相对于军鼓和低音大鼓，贝斯更多的是承担了节奏的角色，这就要求贝斯的拨弦声有一定的力度和冲击感，贝斯的能量相对集中，能够保证乐曲有清晰的节奏。此外，有的音乐作品还可能会要求贝斯有稳定的输出电平和快速的包络衰减，或者相反，这就要求贝斯有很高的动态和持续的低音。

相关的声频处理设备能够对乐器的音色进行修饰和润色，对乐器的振动过程进行调整和处理，但是过多的信号处理会产生额外的噪声和失真，为整个节目制作带来很多新的问题。在对声音信号进行处理的问题上，还是应本着尽可能少用电子设备的原则，将声源和拾音技术作为解决问题的首选方式，通过选择理想的声源，合理运用传声器技术，来获得满意的声音效果。对于贝斯的拾音而言，要想录制出较好的声音效果，乐器本身的质量是一方面，另一方面，无论是低音提琴，还是电贝斯，都需要在录制之前为乐器更换新弦。换了新弦的乐器不仅能够保证乐器的音准和输出的稳定，还能加强乐器演奏出的谐波成分。需要注意的是，更换琴弦的工作需要提前完成，以免录制的过程中出现乐器经常走音，需要不断调整音准的问题。随着琴弦与拾音器之间距离的改变，电贝斯的输出电平会发生变化，录音前录音师需要对电贝斯的电平进行调整。调整可以通过人耳的主观听觉判断来完成，也可以利用调音台上的 VU 表完成。调整后从一弦（E 弦）到四弦（G 弦）第五品上（电贝斯相邻的空弦为纯四度音程）的电平下降约为 3dB，整个音域上约下降 6dB。如果电贝斯的输出电平可以调整得相对平衡，则有可能录制过程，或者后期制作不再需要压缩处理。

1. 电贝斯的基本电声特性

电贝斯的琴身和琴颈都是实心的，无法像传统乐器那样利用琴身和空气的振动放大、辐射声音，只能利用金属琴弦下方的拾音器来感应琴弦的振动，形成输出电压，如图 4-22 所示。电贝斯不像低音提琴那样拥有复杂的发声机理，但在录音过程中也会出现各种特殊的问题。

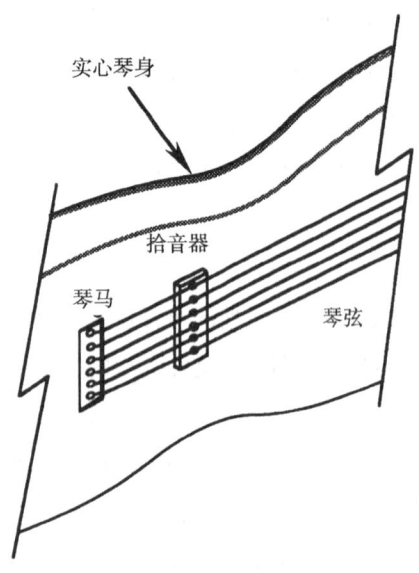

图 4-22 电贝斯的结构

电贝斯的拾音器由一个或多个带有磁极片的磁体组成，当琴弦在磁场中振动的时候，磁极片内部的线圈将产生感应电流，输出的电压由磁体的长度、线圈的匝数以及琴弦的偏移量等因素决定。因为拾音器仅是拾取其上方的琴弦振动，所以很多电贝斯有两个拾音器，一个在琴马的附近，拾取更多的高次谐波，另一个在接近中间的位置，更多地拾取琴弦振动的基频和低次谐波。电贝斯的声音质量取决于拾音器的设计，内部电路将各拾音器的信号混合后输出。如果拾音器电磁屏蔽不好或者是接地有问题，很容易受到各种射频信号的干扰。为了减小射频干扰，应使用分布电容较低的连接电缆。如果录音过程中仍然存在射频干扰，可以试着改变 DI 盒的极性或将接地端完全断开。有时演奏者手指出的汗附着在琴弦上，也容易造成地环路。

某些电贝斯拨奏时产生的低频能量要比低音提琴更显著。主要原因在于，虽然电贝斯的琴身是实心的，但还是会在一定的频率产生共振，尤其是在琴颈和琴身的结合处，会进一步加强这种共振，并在拾音器的输出中占有很大的比例。尽管很多乐器放大器的低频响应达不到如此低的频率，但这些频率成分却容易使 DI 盒或调音台的前置放大器过载，造成演奏的声音信号出现失真。

电贝斯的低频信号失真是以谐波失真和互调失真为主。当演奏的低频信号低于扬声器的低频下限时，往往会产生以二次谐波为主的谐波失真。偶次谐波会给主观听觉一种温暖的感受，所以这种失真会使电贝斯的声音显得更温暖些。不过，在很多情况下，对于不同

图 4-23 DI 盒（Direct Box）

的频率，这种谐波失真的量是不一样的，这将造成一种明显的不平衡效果。当电贝斯演奏的音量比较大时，较高频率的信号，将受到拨弦或共振产生的较低频率信号的调制，造成互调失真。互调失真会使电贝斯产生一种柔和的、近似于大号的音色。例如，如果拨弦时产生的较低频率为 20Hz，当演奏音符的频率为 65Hz 时，就可能听不到 20Hz 的声音，反而能听到 45Hz 的声音。解决这个问题的简单方法，是适当减小电贝斯的输出电平，直到能够听到较为坚实而清晰的电贝斯声为止，然后再在调音台上予以补偿。

2. 电贝斯的拾音技术

电贝斯的拾音方式主要有两种：一种是将电贝斯输出的信号直接输入调音台，即直接输入法；另一种是用传声器拾取扬声器重放出来的贝斯声。采用直接输入的方法时，电贝斯能够获得较好的高频响应，声音趋于明亮、清晰。电声乐器的输出阻抗很高，而专业音频设备的输入阻抗比较低，为了满足阻抗匹配的要求，使用直接输入的方法时录音师需要在电贝斯的输出端和调音台输入端之间接入 DI 盒。电贝斯输出的动态范围很大，能持续稳定地输出较低电压，瞬态电压也很高。演奏长音符时，它的输出电压可以小于 0.1 伏，打弦时的瞬态输出电压可高达 1 伏。这样的动态变化很容易造成 DI 盒或调音台前置放大器的过载，所以采用直接输入的方式录制电贝斯，应注意选择动态范围较大的 DI 盒。

相对于直接输入的方法，传声器拾取扬声器重放出的贝斯声的方式会遇到很多问题。首先，需要选择适当的传声器，设定合适的拾音位置。其次，需要解决各乐器之间的串音问题。最后，扬声器会有噪声输出，这种噪声在拾音过程中很难避免。不过，拾取扬声器重放出的贝斯声的方法可以获得比直接输入更自然的贝斯效果。如果扬声器是采用电子管放大器来推动，并在很大音量的情况下用传声器拾音，获得的电贝斯声将具有很强的温暖感和质感，这种效果是任何声音处理设备不能实现的。

为了能够承受贝斯扬声器发出的较大声压级，减小各乐器间的串扰，降低扬声器噪声和射频信号的干扰，很多录音师选择用心形动圈传声器来拾音，如 Sennheiser MD421U、441 和 Electro-Voice RE20 等。拾取贝斯扬声器重放声音也可以选用大振膜的电容传声器，如 Neumann KM87、Beyer MC740 和 AKG 414 等，或者是电子管传声器。需要注意的是，如果选用电容传声器来拾取贝斯扬声器重放的声音，应考虑用传声器内部的衰减器对输出的高频段进行适当衰减。

采用拾取扬声器重放的贝斯声的方式录制电贝斯时，传声器设置应考虑到扬声器的指向性。当传声器的轴向正对扬声器拾音时，如图 4-24 所示，传声器将拾取到更多扬声器辐射的高频信号，拾取到的电贝斯声具有较为明亮的感觉。如果传声器的轴向与扬声器成一定的角度设置，如图 4-25 所示，传声器能有效利用扬声器在高频段的指向性，避免拾取更多的高频信号，平衡贝斯信号的频谱分布，获得更为丰满的声音。若将传声器设置在扬声器纸盆的边缘位置，传声器拾取的高频信号将进一步降低，能获得更加圆润的贝斯效果，同时还能降低拾取到的扬声器噪声。采用近距离的拾音方式，电贝斯的声音能更加清晰和坚实。要想使电贝斯的低频段具有更松弛的感觉，可以额外再增加一只传声器，并将传声器设置在距离扬声器 3m 左右的位置，用两只传声器共同拾取贝斯扬声器重放的声音。远距离的传声器可以增大电贝斯的声像，但需注意可能会带来相位问题。如果演播室没有足够的空间来设置额外的传声器，也可以用人工混响的效果进行模拟。另外，如同拾取其他低音乐器一样，传声器应当安装在稳定的支架上，以免产生机械噪声。

图 4-24 传声器轴向正对电贝斯扬声器拾音

图 4-25 传声器轴向与电贝斯扬声器成一定角度拾音

具体的实践中，上述两种方法可以同时使用，以混合的方式录制电贝斯。系统线路将电贝斯的输出信号分成两路，一路送到扬声器，并由传声器拾取扬声器重放的电贝斯声，另一路通过 DI 盒送到调音台的输入端。根据实际需要的贝斯效果，两路信号可按一定的比例混合为最终的电贝斯效果。为了防止负载阻抗降低和信号间的相互干扰，分配信号需在分音器上进行，简单采用"Y"型线分配信号会造成输出电平下降，同时会损失部分的高频。如果贝斯扬声器有线路输出的端口，也可以将该端口输出的信号直接送到调音台的输入端，此时应确保扬声器内部没有对信号进行额外处理，不会引入过多额外的噪声。

录音师通常是以传声器拾取的信号作为主要的低频信号，中高频信号以直接输入的信号为主，并对信号做适当的均衡处理。电贝斯在拨奏的时候，传声器拾取的信号要相对柔和，直接输入的高频成分则非常清晰。为了让演奏的不同音符有平缓过渡，可对直接输入的信号做适当的压缩处理。混合两个信号的时候，还应注意信号之间是否存在相位问题。一般情况下，信号之间不会出现完全的反相，大多是部分反相，应根据主观听音来判断信号间的相位关系。

第三节　歌声的拾音技术

乐器的演奏和人的歌唱是音乐艺术的两大组成部分。歌声是由人演唱出的音乐，是一种最古老和最自然的音乐。尽管世界上各国家、民族和地区都有种类繁多的乐器，歌唱依然以其独有的魅力和特点深受喜爱，广为流传。人的发声机理非常复杂，至今人在各种情况下靠什么发音都没有形成定论。人的发声器官能够不断变化，在不同的肌肉群和神经控制下，具有各种不同的运动状态。个体差异和演唱方法的不同，也使每个发声的机体都具有相异性。从声源和拾音的角度来看，录制歌声比录制其他乐器声更具随机性，录制工作也更复杂。不同风格的音乐还要求歌声具有不同的音色特点，这对歌声的录制也提出了更高要求。

一、歌声的基本声学特性

作为一种表演艺术，一种抒发和表达情感的方式，歌唱除了要求吐字清晰以外，音调的高低、音量的大小和音质的特点，以及演唱者对歌声的控制都是非常重要的。人体中与发声有关的器官主要集中在头部、咽喉和胸部，这些器官由骨骼支撑，由肌肉控制，肌肉运动则靠人的神经系统指挥。它们构成了特殊的乐器，每件乐器都完全不同于其他乐器，但与其他乐器一致的是，这件特殊的乐器也是由动力部分（气息源）、发声部分和共鸣部分组成。

人体通过呼吸控制隔膜的运动，人体自下而上把气息往上顶，促使声带发生振动，或在咽腔里形成共振。气息量的大小由腹肌、喉结、声门的闭合等多种因素控制决定。人在歌唱的时候，会在头部的眉眼以下，牙床以上，两腭的小窦腔之内形成一个高、中、低频主要的共鸣区，其中喉腔、鼻腔、咽腔和口腔是直接起共鸣作用的。另外，人的胸部、头部软腭以上、前额和两颧也有共鸣作用，软腭以上的部分叫上共鸣机构，软腭以下的口腔、咽腔和喉腔上部等处叫下共鸣机构。下部共鸣机构主要对基频起共振作用，上部共鸣机构则对泛音起共振作用，发低音时还要加上胸腔共鸣。

歌声是一种没有固定形状的乐器发出的声音，构成这件乐器的每个器官都可以通过神经和肌肉等来调节，在某种程度内，它们能根据需要来改变形状，并且处于不同的运动状态。想要获得理想的歌声可以进行人为训练，每个人都能通过训练改善自己的发声，调节自己的音色。不同的唱法有不同的发声机制、歌唱音区、共鸣部位、发声技术和训练方法，并能产生不同的音质和音色。在歌声的频谱中，中低频段500Hz、1 500Hz、2 500Hz 和 3 500Hz 附近有明显的共振峰，在整个频谱中对这些频率做适当提升能加强歌声的穿透力。

二、歌声的拾音技术

歌声具有较大的变化性，每位歌唱家的演唱都有自己鲜明而突出的特点，突出优势，避免不足，是录制歌声的重要原则，选择拾音的传声器也应根据歌声的特点予以考虑。价格昂贵的传声器并不一定适合所有人，经常一支并不昂贵的传声器反而能录制出理想的效果。选择的传声器符合表演者的音色特征，适合音乐创作的需要，能给录音师后期的均衡和处理带来很大方便，能起到事半功倍的效果，那么，该传声器就是最合适的传声器。

齿音是歌声甚至语音中经常出现的现象，能量主要集中在高频的范围。如果表演者在演唱过程中能自己较好地控制齿音，拾音时可考虑采用优质的电容传声器。特别是对于丰满而柔美的歌声，可以选用 Neumann U87 等传声器，该传声器的高频响应非常好，能够使拾取的歌声更加明亮而清晰，有利于提高音乐的表现力，提升情感的表达效果。对于明亮的男高音，可以考虑使用 AKG 414、Neumann U47 等传声器，这两种传声器拾取的声音相对更加柔和一些。在数字录音时代，越来越多的录音师开始倾向于采用电子管传声器来拾取歌声，之所以采用这种看似退步的技术，是因为它填补了现有数字音频技术的不足。数字音频技术在各方面的性能指标都有革命性的进步，但是数字技术也给声音带来明亮有余、温暖不足的问题。电子管传声器产生的过载失真是以软失真的形式表现，而非晶体管的硬失真。这两种失真的不同之处，在于产生的谐波成分有所不同。电子管是以偶次谐波为主，能使声音更具温暖感，晶体管是以奇次谐波为主，在听觉上两者形成了明显的差别。正是利用了偶次谐波的失真，电子管传声器能起到软化数字声音的作用。常用的经典电子管传声器有 Neumann U67、Sony C800G 等，而后来的 Neumann M147、M149、M150 和 AKG C12VR 等电子管传声器也越来越多地出现在很多演播室中。如果演唱人员演唱时的齿音比较严重，动圈或铝带传声器能对齿音起到抑制作用，如 Sennheiser MD421、441 能使柔美的声音更明亮一些，Electro-Voice RE15 和 Meyer 的铝带式传声器，如 D160 可以使声音更具温暖感。

如果歌声和乐队是以同期录音的方式录音，或者期望歌声具有更强的亲切感，录音师可以选择心形传声器拾音。心形传声器的指向性能有效地将歌声从乐队中突出出来，拉近听觉上的距离，给人以更强的现场感和亲切感。如果录制歌声的过程中不存在串音问题，或者是在音乐编曲较为密集和明亮的情况下，要想得到更嘹亮和更开阔的歌声形象，则可以选用全指向性传声器。

在录音现场可能出现很多房间声和交流噪声，以及演唱爆破音发出的气流声等，它们的频率成分都在 80Hz 以下。从歌声的频谱分布来看，除了歌剧中的低声部以外，大部分的歌声在 125Hz 以下几乎没有能量分布。如果选择的传声器有自带的低频衰减滤波器，可用滤波器对这些声音进行衰减，否则后期制作进行压缩处理时会影响到节目的信噪比。在使用低频衰减滤波器的时候，应当注意不要影响到 100Hz 以上的频率成分。有的传声器上标有明确的截止频率，如 AKG 414 可选的截止频率为 75Hz 和 150Hz，但也有传声器并没有标注截止频率，进行衰减的时候应该格外注意。如果传声器上标注有 M/S（Music/Speech）的字样，使用这种衰减器的时候也应当注意，通常情况下，这是为广播、电视应用设计的衰减器，如 Sennheiser MD421U 传声器的截止频率可以高达 500Hz。若传声器上没有自带的低频衰减器，也可以用调音台上的滤波器来完成，但是两者不能同时使用，否则将会影响到歌声的低频响应。

用传声器录制歌唱表演时，除了歌声本身的特性以外，传声器的设置还要考虑到其他各种因素。如果乐曲要求演唱具有较大的力度和动态范围，拾音的传声器就应适当设置在较远的位置，利用声音在空气中传播将衰减的现象，拾取的歌唱声能在后期制作中更好地与伴奏平衡。如果音乐对演唱的要求是柔和、平稳的，传声器可以设置在相对较近的位置。在较近的位置上拾取歌声能有效地补偿歌声的动态，还能使拾取的信号获得更大信噪比。传声器相对于声源的距离决定了反射声的拾取情况。如果想通过传声器拾取到更多的房间自然反射声，传声器应该设置在相对较远的位置，反之，传声器拾取的歌声将以直达声为主。除了拾音距离以外，影响歌声拾取效果的另外一个重要因素，是传声器的轴向与演唱者之间的相对角度。正常情况下，传声器的轴向不能正对演唱者的嘴，应该成一定的角度设置。利用任何传声器的指向性都会随频率的变化发生改变的特性，可以将传声器本身作为一种有效的均衡器。调整传声器的拾音角度，能够改变传声器的实际频率响应，改善歌声信号的频谱结构，取得较为平衡的歌声。

常用的录制歌声的传声器设置方式，是将传声器设置在嘴的上方，基本在演唱者的水平视线上下，传声器的轴向指向演唱者的鼻子附近，到鼻子的距离约为 20~25cm，如图 4-26 所示。这种拾音方式的优点是：首先，可以避免演唱者演唱的气流直接作用在传声器膜片上，产生喷话筒的现象；其次，利用传声器在高频呈现出更强的指向性特点，这种拾音方式可以避免拾取太多伴随演唱者演唱的齿音；最后，从歌声的辐射特性来看，歌声中 2k~3k Hz 的频率范围主要是沿着嘴上方 30° 的方向辐射，这个频段是反映歌声清晰度的主要频段，用这种方法拾音能够有效地改善演唱的清晰度。当然，这种方法并不是绝对的，不是完全适合于所有的拾音情况。在具体录制歌声的过程中，可以首先按照这种方式设置传声器，然后再以此为基础，根据实际的拾音效果做针对性调整。录制歌声最重要的一点，是在整个录制的过程中要保证演唱者相对于传声器的位置不变。一方面，因为录制歌声的拾音距离相对较近，较小的绝对距离变化能够造成较大的相对距离变化；另一方面，多数情况下演唱都不是一次性完成的，经常是按照段落来录制，演唱者再次回到传声器前容易跟之前的拾音位置不一样。拾音距离的变化不仅会影响到歌声的距离感，还

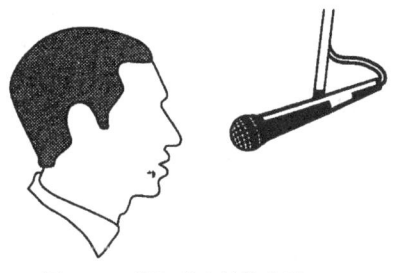

图 4-26 拾取歌声的传声器设置

会造成音色上的变化。简单的解决方法是在确定了演唱者演唱位置之后，在地板上做好标记，演唱者休息后重新录音时，就可以回到原来的拾音位置，保证前后录音的一致性。

在录制歌声的过程中，为了减小气流对传声器拾音的影响，通常可以在传声器和演唱者的嘴部之间设置一个爆破声过滤器，即防喷罩。防喷罩是用非常薄的尼龙丝制成，一般到声源的距离为 10~30cm 左右，能非常有效地减少喷话筒的情况。防喷罩对高频声音有不同程度的衰减，所以用防喷罩防止喷话筒的方式不是适用于所有的拾音情况。如果演唱者的演唱本身就缺乏高频，使用防喷罩就会进一步影响到拾音效果，通常这种情况下是不建议使用防喷罩的。此外，为了追求某种临场感和亲切感，有的音乐作品需要将歌声处理成就在听者面前的效果，此时防喷罩的作用就非常有限，还有可能因为高频损失影响效果。在这种情况下，可以把一支铅笔或者一卷胶带固定在传声器的膜片前，减小气流对拾音的影响。

很多情况下，演唱者演唱时需要谱架，这种情况也可能对歌声的拾取效果产生影响。首先，

谱架将成为反射的界面，声音到达谱架会产生一定反射，传声器拾取到演唱的直达声和谱架的反射声后将产生梳状滤波器效应，影响到歌声的拾取效果。其次，谱架的金属面板会在一定频率上发生共振，容易对拾取的歌声造成声染色。解决这些问题可以采用两种方法，一种方法，是调整谱架的位置和角度，避免通过谱架反射的声音直接被传声器拾取；另一种方法，是在谱架上放些毛毡，或者把反射面包裹起来，降低谱架对歌声的反射，减小谱架自身的共振。谱架的反射和共振问题应在前期拾音的过程中予以解决，否则后期制作中很难弥补。

使用电容传声器录制歌声，传声器必须安装在防震架上。电容传声器的灵敏度非常高，地板振动能够通过支架传递到传声器，并对传声器拾取的信号产生调制。另外，在录音棚里录制歌声，制作人员还经常使用隔声屏风，或者是带有吸声材料的障板来调节反射声。调节反射声能和吸收声能的比例，能对歌声的某些细节进行处理。利用各种反射声，录制人员还能对演唱空间的声学条件重新调整。合理地运用这些方法和措施，能够有效地改善歌声的拾取效果，避免后期制作中对信号过多处理，调整不当则会适得其反。

三、伴唱和背景歌声的录制

上述介绍的是乐曲中主唱的拾音技术，除了主唱以外，乐曲中经常会有各种伴唱和背景歌声，它们在乐曲中主要有三个方面的作用。

（1）当背景歌声与主唱声以和声关系逐字对应演唱时，背景歌声将起到加强主唱声音的厚度，增强感情色彩的作用。如果背景歌声在高于主唱声音的音域密集排列，以两个或三个声部的旋律线出现时，能够为歌曲带来更欢快，或更强烈的感觉。如果背景歌声在主唱声音的下方编写，则有更沉重、紧张或急促的感觉。另外，和声与主唱声音以四度、五度的关系编写，能给人以庄严和肃穆的感觉。

（2）类似于管乐三重奏或四重奏的无词伴唱，经常完全是以乐器声部的形式来支持主唱声音，或者是以间断的形式穿插在乐曲中，这种形式的伴唱能起到激发听众情感的作用。

（3）背景歌声以重述主唱歌词的形式出现，往往能够起到展示演唱者潜在情感和动机的作用。

背景歌声在乐曲中的作用，以及背景歌声和主唱声音之间的关系，决定了背景歌声采用什么样的表演方法和演唱技巧，也决定了采用什么样的录制方法和拾音技术。如果背景歌声是一种内心独白，或表现主唱的真挚感情，那么背景歌声最好录制成具有温暖感的音色。如果背景歌声是用来加强主唱的感情色彩，那么录制背景歌声就可以采用类似于录制主唱声音的方法，使其与主唱的情感变化相呼应。为了让背景歌声能够更好地发挥在音乐中的作用，针对这些不同的要求就应采取相应的拾音和处理方法。例如，对于以背景歌声加强主唱声音的情况，背景歌声就最好处理成环绕在主唱周围的感觉。如果采用立体声拾音技术进行同期录音，就应选用有效拾音角较大的 XY 或 MS 立体声拾音方式，使背景歌声的声像充分和自然地分布在两扬声器间。如果主唱的歌词表达的是热情、奔放和充满希望，那么将伴唱处理成立体声的形式，就会使主唱的情感表达更充分。但是，如果主唱歌词表现的是苦难、孤独和痛苦，甚至是胆怯，则可以考虑用单声道的形式拾取伴唱声，以便更加明确地表现主唱的情感，增强主唱要表达的绝望之情。

伴唱或背景歌声的主要作用是支持和突出主唱，所以不能把伴唱声或背景歌声处理得过于突出，过于明亮，但其应具有很好的整体感。为了能使主唱和伴唱有较好的层次，避免出现相互竞争的情况，伴唱不应保留全频带的记录。例如，可以将伴唱的高低频段加以衰减，保持中频段的声音不变，这样可以保留伴唱的力度和丰满感，同时在缩混时显得并不是过分突出；也可以衰减伴唱的中频能量，保留高频段的明亮、清晰和低频段的震撼力。这些处理可以在后期制作中实现，但录音师在拾音过程中就能考虑到，获得的效果将会更好。

加倍处理可以使伴唱获得更好的效果。在没有时间对声轨进行加倍处理的情况下，也可以通过效果器做适当的延时或合唱效果处理。不论是采用真实加倍的方式，还是采用效果器人为加工，适当的处理都给伴唱一种更为丰满，包围和烘托主唱的效果。

第四节　钢琴和电钢琴的拾音技术

一、钢琴的基本声学特性

钢琴属于弦振动乐器，经常出现在各种音乐形式中，也是最为重要的独奏乐器之一。它是通过琴键带动覆盖着毛毡的音锤演奏，音锤敲击琴弦，并激发琴弦产生振动。钢琴的琴弦具有很大张力，琴弦振动会将部分能量传递到共鸣体，并由共鸣体放大后再耦合给周围的空气。钢琴分为三角钢琴和立式钢琴两大类。立式钢琴的琴盖垂直于琴弦，而三角钢琴的琴盖平行于琴弦。在钢琴的中高音和高音区域，实际上每个音符对应着三根琴弦，中低音区域每个音符对应的是两根琴弦，到了低音区域，每个音符对应的就只有一根琴弦。

三角钢琴具有 7 个或 $7\frac{1}{3}$ 个倍频程，如果是 $7\frac{1}{3}$ 个倍频程，中央 C 以上为 5 个倍频程，中央 C 以下是 $2\frac{1}{3}$ 个倍频程。它的基频范围从 27.5Hz 延伸到 4 180Hz。泛音的频率范围在很大程度上取决于演奏的力度，当钢琴弹奏力度较大时，它的泛音甚至可以达到 20kHz。在钢琴的频谱结构中，基频占有很大能量，它在 100~250Hz 的低音区域内，有密集的谐波成分，音色富于变化。高音区在 $c4$ 以后，钢琴的谐波成分较少，听起来显得有些单调。这部分的基频大致近似于正弦波，所以钢琴是属于偏重中低音的乐器。钢琴的动态范围能够达到 50dB 以上，只有始振和衰减过程，没有中间的稳态过程。钢琴的始振时间约为 10~30ms，具体的始振时间主要跟演奏方式有关，始振的时间越短，衰减的时间越长，其包络曲线呈现出持续下降的趋势。钢琴很少有共振峰，有时会在500~2 000Hz出现。在整个音域范围内，钢琴的音量有自然的过渡，呈现出曲线变化的形式。

钢琴的演奏过程中，经常会伴有各种类型的噪声，如踩踏板的声音、手指触键的噪声，以及共鸣板始振时候发出的噪声等。钢琴在低音区域演奏的时候，共鸣板的噪声和琴声混合在一起，容易被隐蔽而听不出来，在高音区域这种噪声就相对容易被听到。共鸣板的噪声与钢琴质量有一定关系，在演奏中不太容易避免。事实上，由于听觉习惯的原因，大部分听众对钢琴声的感念已经包含了这些非音乐的机械噪声，而不仅仅是琴弦的振动。在古典音乐的录制中，这些机械噪声可以看作是钢琴音响的一部分，但在流行音乐的录制中，应该尽量设法消除这些噪声。

钢琴具有非常复杂的辐射特性，图4-27是钢琴的高、中、低音域在垂直面上的辐射情况。本次测量是在音乐厅中进行的，测量间隔为15°。图4-27（a）是钢琴在高音区的辐射特性。从图中可以看出，辐射能量最强的范围在30°~45°之间，超过琴盖打开的角度后（约40°），辐射的能量将有明显下降。图4-27（b）是钢琴在中音区的辐射特性。在这个音区内，钢琴的指向性较高音区有所下降。图4-27（c）是钢琴在低音区的辐射特性。值得注意的是，在250Hz左右，钢琴辐射能量最强的范围为135°~150°。图4-28所示的为钢琴在水平面内的辐射特性。从图中可以看出，钢琴演奏的频率越高，其能量辐射的指向性越强。

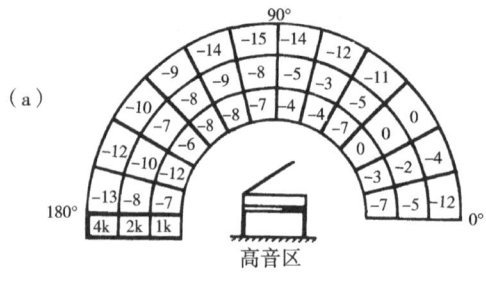

（a）

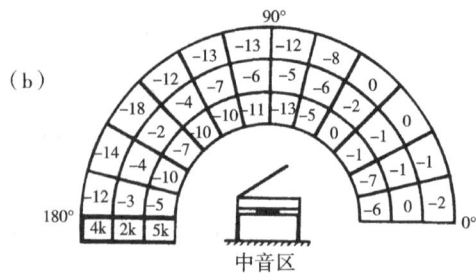

（b）

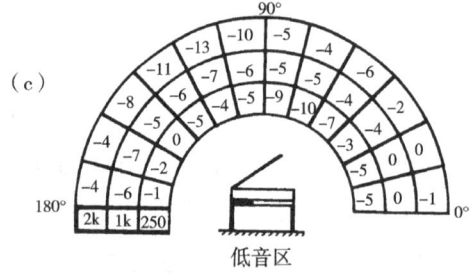

（c）

图4-27 音乐厅中钢琴在垂直面内的辐射特性

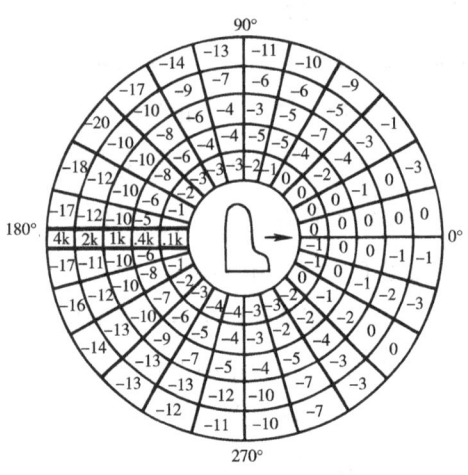

图4-28 钢琴在水平面内的辐射特性

三角钢琴的琴盖是影响钢琴音色的重要因素，经常演奏不同类型的音乐，要求琴盖开合的程度也不一样。当钢琴的琴盖闭合时，钢琴的高频成分会有明显衰减，给人以声音暗淡，没有光彩和缺乏亮度的感觉；当钢琴的琴盖打开时，琴弦上方的高频成分（4 000Hz左右）会有明显增加；如果琴盖是处于半开启状态，人们将会听到部分由琴盖反射的声音。所以，钢琴具有较为复杂的声学特性。

二、钢琴的拾音技术

钢琴属于形体较大的乐器，较大的发声体给传声器拾音带来难度，尤其是要在不同的音域间获得满意的平衡效果，传声器的设置就显得十分重要。古典音乐和现代流行音乐对钢琴的音色有不同的要求，这决定它们的录制方法也不一样。一般情况下，现代风格的音乐要求钢琴有明亮、透彻的效果，而古典风格的音乐强调的是自然、真实和整体的钢琴效果。

在不需要考虑串音的情况下，录制钢琴演奏可以先将琴盖完全打开，然后再设置传声器，如图4-29所示。传声器的拾音距离与钢琴的音色密切相关，拾音距离应当由具体的音乐作品来确定。如果期望钢琴的中低频浑厚而有力，高频具有明亮和颗粒感强的效果，传声器

图4-29 将琴盖完全打开拾取钢琴的声音

应当设置在距离琴弦较近的位置。如果期望钢琴具有更为自然的声音效果，传声器到琴弦的距离应至少1m以上。录制古典音乐或钢琴独奏的时候，为了在各音区间获得更好的平衡效果，通常录音师是采用立体声的拾音方式来拾取钢琴演奏，而且最好是采用全指向传声器，如B&K4006、AKG 414。为了获得更加圆润的琴声，录制钢琴也经常采用带电子管放大器的电容传声器。摇滚乐或爵士乐中的钢琴要求有较为明亮的音色，甚至后期制作中录音师经常会利用均衡器来提高它的亮度，所以前期录制也应该充分考虑到这种需求，尽量选用高频响应比较突出的传声器来拾取钢琴的声音，如Neumann U87、U89、AKG C451等传声器，都能获得较为明亮的拾音效果。通常，传声器应选择心形指向性，并且保持传声器自带的

低频衰减功能处于关闭状态。另外，Shure SM81s 也是钢琴拾音经常采用的传声器。如果采用动圈传声器录制钢琴，传声器的灵敏度相对较低，为了拾取更加清晰的钢琴演奏，传声器到琴弦的拾音距离应当相对更近些，常用的传声器如 Sennheiser MD421U、441，它们的频响在 1k~5k Hz 的范围有自然的提升，能使录制的钢琴声在乐队中更加突出。

多数情况下，为了减小传声器之间的串音，同时又保证钢琴有较好的音色，录制人员录制钢琴多是让琴盖处于半开启的状态，并将传声器设置在琴盖和共鸣板之间的位置拾音。具体设置传声器的位置应掌握一定原则，拾取的中高频琴声应有清晰、独立的感觉，中音区（中央 C 上下一个八度）的各个音符应保持自然，不被明显地强调。如果在琴盖和共鸣板之间只有一个位置符合这个原则，可采用 XY 立体声拾音方式拾取整个音域的钢琴声。此时，传声器的轴向不能正对音锤和阻尼器，以免拾取过多的机械噪声。如果在至少相距 30cm 的位置还有一个满足音色要求的拾音点，可以选用两只全指向传声器共同拾取钢琴的演奏，这样能获得更为丰满的琴声，但机械噪声可能会随之增大。如果机械噪声非常明显，可将全指向传声器替换为心形传声器，利用传声器的指向性尽量削弱噪声。采用心形传声器容易减弱中间的琴声，出现中间空洞的现象，此时可调整传声器的角度予以适当弥补。录制流行音乐中的钢琴声，还经常采用高音区和低音区分别拾音的传声器设置方法，如图 4-30 所示。一般情况下，拾取低音区琴声的传声器设置在中央 C 弦靠下些的位置，拾取高音区琴声的传声器设置在 c5~c6 之间，拾音距离约为 20~30cm。这种拾音方式能够获得更加丰满的琴声，但机械噪音也相对更大。

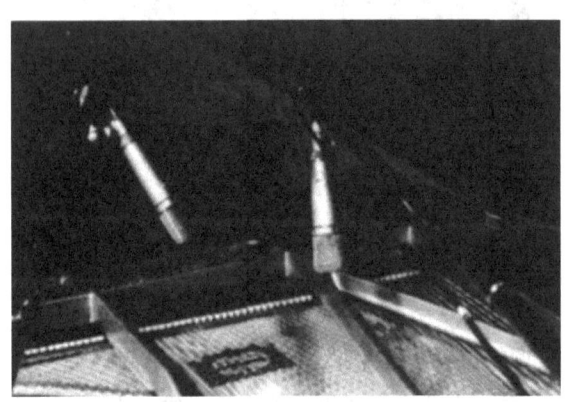

图 4-30 两只传声器分别拾取钢琴的高、低音区琴声

如果乐曲不需要较为丰满的钢琴声和钢琴在近距离上产生的亲切感，录制钢琴声也可以采用一对 PZM 传声器。在琴盖处于半开启的状态下，PZM 传声器可分别设置在高音区和低音区上方，并固定在琴盖的内表面，彼此相距 30cm 以上，如图 4-31（a）所示。如果琴盖处于完全打开的状态，PZM 传声器可分别设置在靠近高音和低音琴弦的位置，并固定在琴架的内部，如图 4-31（b）所示。用 PZM 传声器拾取单声道的钢琴信号，可在总体琴声

较为平衡的位置上,将传声器固定在琴盖上。为了减小串音,可以在固定好传声器后将琴盖完全关闭,如图 4-31(c)所示。PZM 传声器可以拾取到非常明亮的钢琴声,比较适合于拾取流行音乐中担任节奏角色的钢琴演奏。

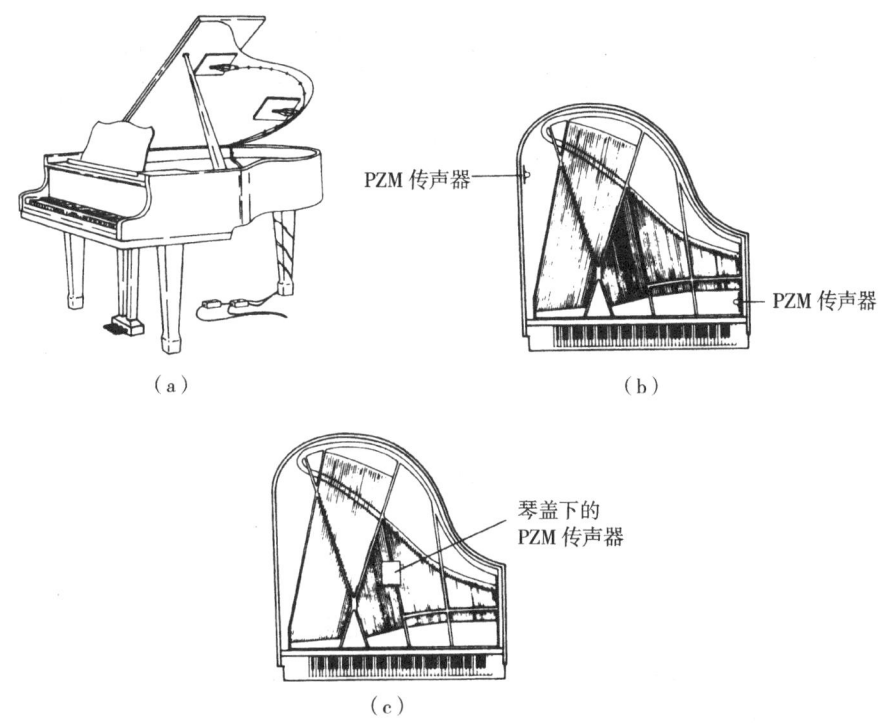

图 4-31 采用 PZM 传声器拾取钢琴的声音

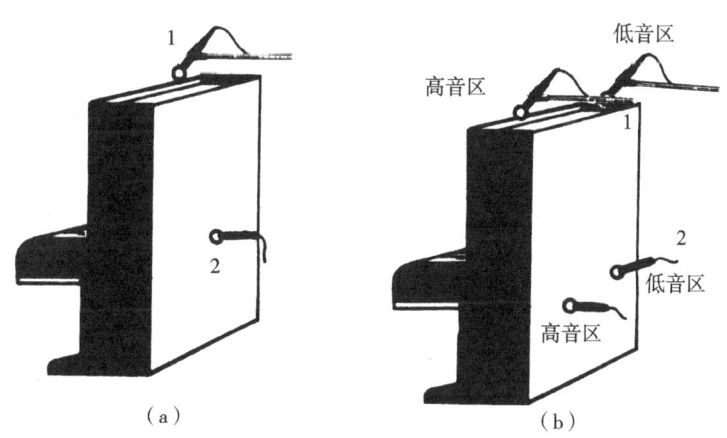

图 4-32 立式钢琴的拾音方式

立式钢琴较少应用于音乐录音。录制立式钢琴时经常要把钢琴的琴盖和前面板拆除,以减少声音在钢琴内部产生过多反射,发出隆隆声音。图 4-32 为经常采用的两种单声道和立体声的拾音方式。

三、电钢琴的拾音技术

电钢琴的发声原理和普通钢琴完全不同，它是通过琴键带动音锤敲击金属棒，金属棒的振动被拾音器拾取，并转换为电信号，所以电钢琴通常被视为打击乐。

录制电钢琴的声音，很少用传声器直接拾取扬声器的重放，多是采用直接输入的方式，把电钢琴的输出信号直接输入到调音台。电钢琴的信号具有很高的瞬态，它的输出电平很容易使多数音频设备的输入端过载。特别是在高于中央 C 一个八度的附近，各音符的输出电平非常高，录制时应当采取适当措施。通常，录制电钢琴可在 400Hz 或 500Hz 附近，对电钢琴的声音信号进行 4~6dB 的峰式衰减，来解决中央 C 以上各音符输出电平太大的问题。此外，在 5k~6k Hz 的频率范围对电钢琴信号做适当提升，能使琴声更加明亮，同时还能使电钢琴的声音包络更趋平缓。

第五节　声学吉他与电吉他的拾音技术

吉他是各种音乐类型经常采用的一种拨弦乐器，它主要分为声学吉他和电吉他两类，普通声学吉他又分民谣吉他和古典吉他两种。无论是声学吉他，还是电吉他，它们在音乐中都经常承担起加强节奏的角色，有时也在乐曲的前奏和间奏中演奏出抒情或华彩性的旋律。在摇滚和重金属等音乐类型中，吉他是最为主要的乐器之一，配合着各种各样的效果踏板，很多特殊的调制失真效果已经成为吉他的标志性音色。

一、声学吉他的基本声学特性

古典吉他和民谣吉他是各类音乐中经常使用的两种吉他。它们的发声原理基本相同，但在外形和琴弦等方面略有不同，也呈现出了不同的音色特征。民谣吉他的琴身相对较大，采用的是金属材质的琴弦，声音明亮、悦耳，是乡村音乐和流行音乐中常见的乐器。古典吉他的琴身相对较小，使用的是肠线或尼龙琴弦，能够演奏出更为圆润和温暖的音色。通常，普通声学吉他是用高级云杉木料制成，各种的演奏技法能让吉他表现出变化丰富的音色。

声学吉他产生的振动主要有三部分，分别为琴弦的振动、琴箱的振动和琴箱内的空气振动。一般情况下，吉他的琴箱越大，选用的木质越薄、越软，能够产生的振动频率就越低。声学吉他的音质和琴弦的质地有密切关系，尼龙弦振动发出的音色具有温暖而柔和的特点。相对于金属弦的情况，在低频段尼龙弦能够产生更低的共振峰。金属弦的音色具有明亮、悦耳的特点，尤其是采用弹拨技法演奏时，能够激发出更为丰富的泛音。当然，琴弦的拉力不同，发出的音色也不一样。吉他具有较宽的音域，它的高频能够达到 18.7kHz，低频能够延伸到 50Hz 左右。除了具有宽厚和低沉的低音、明亮和清脆的中高音以外，吉他以滑音、揉弦和推弦等技法演奏出的声音也别具特色。

二、声学吉他的拾音技术

吉他属于音量相对较小的乐器，录音师经常采用近距离的拾音方式。近距离拾音不能充分利用传声器的拾音角，覆盖的拾音范围相对较小，容易过于强调乐器的局部辐射和局部共振。不同的拾音位置，会呈现出不同的音色。录制吉他声应根据乐曲需要的音色和效果来选择传声器，并仔细调整传声器的拾音位置和拾音角度等。

声学吉他的低频主要从它的音孔辐射出来，如果是在比较近的位置拾音，而且传声器的轴向正对吉他的音孔，如图 4-33 所示，拾取到的吉他声通常会出现低频过重的问题。特别是对尼龙琴弦的古典吉他，用这种拾音方式会产生隆隆的声音效果，给人以饱满和膨胀的感觉。音乐录音较少采用这种方式，这种方式有时会出现在扩声的场合。拾取较为自然的吉他声，需适当增加传声器的拾音距离，通常可设置在 30~100cm 左右。在此基础上，如果想拾取到吉他更多的高频成分，可以调整传声器的轴向，使之偏向于高音琴弦。反之，可以使传声器的轴向更加偏向于低音琴弦。为了获得更加平衡的吉他声音，古典吉他的拾音距离应当选择在 1m 以上。在较远的位置拾音，能消除更多演奏过程中产生的噪声，不过产生的距离感也会使琴声的亲切感有所下降。这种情况下应选用灵敏度较高的电容传声器拾音，并且房间具有一定的混响，否则很容易出现拾音电平太低的问题。如果吉他的拾音电平太低，只能将传声器移近吉他，减小拾音距离。通常传声器可设置在高于吉他 25cm 左右的位置，并将轴向指向音孔和琴马之间的位置，这种方式也能获得相对自然的吉他效果。

图 4-33 传声器正对吉他音孔拾音

如果吉他在音乐中承担的是加强节奏的作用，就要求吉他有干净和清晰的音色，传声器应拾取更多的高频成分，尽量避免拾取到过多的噪声。此时，传声器可靠近吉他的琴马设置，如图 4-34 所示，因为吉他的泛音成分很少，大部分的高频能量都集中在琴马附近的较窄区域里。

图 4-34 在琴马附近拾取较为清晰、明亮的声音

揉弦、推弦和滑奏等技法能够演奏出吉他特有的音响效果,如果乐曲中想突出这些音色特征,可将传声器设置在靠近琴头的位置。在这个位置设置传声器容易拾取到更多演奏者按弦的噪声,这种噪声是吉他正常演奏的一部分,能够让琴声具有更强的现场感,但是部分演奏者演奏的噪声会相对严重,影响到吉他的录制。出现这种情况时,可适当加大传声器的拾音距离,或者采用超心形或锐心形传声器,并让传声器与琴身成较小的角度,如图 4-35 所示。这样就可以利用传声器更强的指向性和两侧更低的灵敏度,使噪声处于传声器灵敏度较低的区域,从而起到抑制按弦噪声的作用。

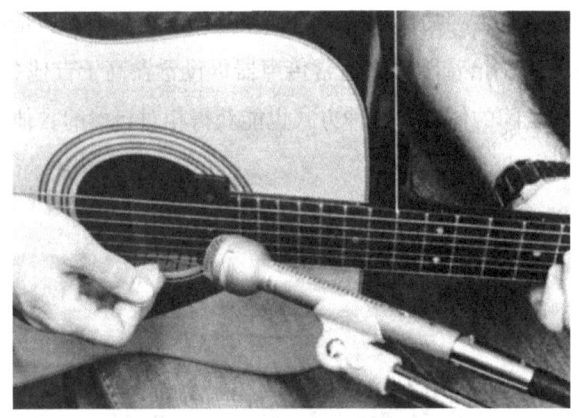

图 4-35 利用超心形或锐心形传声器控制演奏的噪声

在不存在串音问题的情况下,采用近距离拾音方式录制吉他,最好选用全指向传声器拾音。全指向传声器能够消除近讲效应,而且有较宽的拾音范围,获得的音色更加平衡。采用动圈传声器(如 Electro-Voice RE55 或 635 等)和铝带传声器(如 Beyer D160 等)拾音,拾取的吉他声相对平滑,电容传声器拾取的琴声会更加清脆,有穿透力。具体选用何种类型的传声器,还应根据乐曲的实际需求确定。如果传声器自带低频衰减的功能,一般可将 100Hz 以下的频率做适当衰减,这将有助于消除不利的琴体共振。

串音严重的情况下，应选用心形传声器来拾取吉他声，如 Sennheiser MD421U。这种传声器能有效减小串音问题，同时能对吉他声的中高频做适当提升，有利于吉他从整个乐队中突出出来。动圈传声器的灵敏度相对较低，拾音距离也应该相对减小，否则很难保证拾取到具有良好信噪比的声音信号。在实际的应用中，也有录音师采用领夹式传声器来拾取吉他声。为了避免传声器正对音孔，拾取到更多的气流声，通常传声器被固定在音梁下方，安装时传声器不能直接与琴板接触，通常要在传声器下垫上些棉花或毛毡之类的缓冲物，否则传声器将拾取到过多表演中产生的噪声。这种方法拾取的吉他声音具有非常细腻的特点。

三、电吉他的拾音技术

声学吉他是普遍流行的一种乐器，但是它的音量相对较小，在乐队中和其他乐器合作时很容易被淹没，提高吉他的音量就成为很多人的愿望。从 20 世纪 30 年代开始，电吉他开始逐渐被人们关注，它不但改善了声学吉他音量小的问题，还逐渐演变成了重要的独奏乐器。尤其是在现代音乐中，电吉他已经成为乐队的支柱，成为音乐的核心。

类似于电贝斯的拾音方式，拾取电吉他的演奏也主要有三种方式：一种是直接输入电吉他输出的声音信号；第二种是用传声器拾取电吉他扬声器重放出来的声音；第三种是混合式的录制方式，同时采用以上两种方法录制吉他演奏。

直接输入录制电吉他的方法，同样需要 DI 盒来进行阻抗匹配，电吉他的输出应先输入到 DI 盒，然后再从 DI 盒输出到调音台。类似于电贝斯的情况，原始的电吉他信号也具有很强的瞬态，应注意避免出现调音台的前置放大器或 DI 盒输入端过载的情况。电吉他的基频范围为 82~174Hz，在 2k~4k Hz 的频率范围内，电吉他有较大的能量输出。直接输入的录制方法能够获得更加清脆和更具金属质感的电吉他音色。

采用传声器拾取吉他扬声器重放声音的方法时，传声器最好选用心形指向性的动圈传声器，如 Shure SM57、SM58、Electro-Voice RE15、Sennheiser 421 等。动圈传声器的灵敏度较低，能避免拾取到额外的放大器噪音。如果吉他扬声器只有一个扬声器单元，可以采用近距离的拾音方式。为了避免扬声器音量过大导致传声器过载失真，也为了避免拾取过多的扬声器噪声，传声器应设置在偏离扬声器中心的位置，并与扬声器的轴向成一定角度（30°左右），如图 4-36 所示，这样能获得较为圆润的声音。如果扬声器附近的地面反射较强，为了减小地面反射的影响，可把扬声器的高度升高，使扬声器与地面保持一定的距离。不过，在近距离拾音的声音信号中，更多的是直达声，环境声的比例相对较小。分期录音不存在串音的问题，为了获得更好的自然空间感，录制吉他发出的声音还常在近距离拾音的基础上，在较远的位置另外设置一只传声器，如图 4-37 所示，如果这只传声器采用全指向传声器，能使吉他的声音更加丰满。需要注意的是，采用这种方法时应注意传声器间的声相位问题。

图4-36 近距离拾取吉他扬声器重放的声音

图4-37 采用两只距离不等的传声器拾取吉他扬声器重放的声音

如果吉他扬声器不是一个单元，而是由高、中、低三个单元组成，传声器应设置在距离音箱70~100cm的位置上，在相对较远的位置拾音能确保拾取到更加平衡的吉他声。此时，传声器的高度应根据扬声器的布局和所需要的音色来决定。由于高音扬声器都具有一定的指向性，所以通常传声器应对准高音单元。

直接输入法录制的电吉他声音具有清晰和穿透力强等优点，拾取扬声器重放声音的方法能得到更具现场感和空间感的吉他效果，而且吉他的音色丰富而饱满。所以，类似于录制电贝斯声音的情况，录制电吉他声音也可以充分利用这两种录制方法的优点，同时采用上述两种方式进行录制，在后期制作中再根据需要将拾取的两种声音混合为最终的电吉他声音。同样需要注意的是，混合的时候需要在调音台上确定是否存在电相位的问题。

第六节 木管乐器的拾音技术

木管乐器种类繁多，因其在制作中多使用乌木或硬木而得名。现在有些新式的木管乐器已经改用金属材料制作，如长笛，但它的发音原理仍和木管乐器一样，所以仍然属于木管乐器。木管乐器的音色很有特点，在乐队中能较好地同其他乐器融合。在流行音乐等现代音乐中，木管乐器也经常作为特色乐器出现。

一、木管乐器的基本声学特性

木管乐器有三种不同的激振方式，即边棱激振、单簧激振和双簧激振。长笛、短笛和竹笛等的横吹乐器，采用的是边棱激振。演奏者用嘴唇将气流吹进吹孔，气流在吹孔的边缘处产生边棱音，并沿着管道向两边传播，激发管内的空气柱振动，因此这种发声方式被称为边棱激振。单簧管和萨克斯属于单簧激振，它们借助单个簧片进行演奏，簧片用芦苇类的材料制成，在演奏者的吹气速度和嘴唇压力等的控制下，被激发的簧片将产生振动，并带动管中的空气随之振动。双簧管和大管的簧片是由两片组成，簧片质量对这两种乐器的演奏有很大影响，影响程度远远超过对单簧片乐器的影响，所以双簧管和大管的演奏者通常是自己修制簧片。

木管乐器的辐射方向随着演奏频率的变化而改变。中低频大约到 2kHz 的频率范围，声音主要从乐器音孔的侧方向往外辐射，高频大约从 3k~4k Hz 开始，声音主要从管口的方向往外辐射。木管乐器的音色与辐射方向密切相关，这种相关性比弦乐器更加突出。很大程度上，木管乐器的动态范围取决于吹奏的音高。在低音和高音区域，木管乐器的动态范围比较小，中音区域木管乐器有相对较大的动态范围。例如，长笛在高音区的动态范围就比较窄，单簧管的中音区域则有较大的动态范围。木管乐器的声压级平均比弦乐器高 10dB 左右，并且随着演奏音高的增加，声压级有所增加，长笛在这方面表现得就比较突出。

二、木管乐器的拾音技术

长笛是典型的边棱激振乐器，它的基频在 247~2 100Hz 的频率范围内，低音区具有宽厚和略带沙哑的声音特点，中音区声音明亮而柔和，高音区声音较为响亮，不适合弱奏。以适中的力度吹奏时，长笛的声音主要是以基频和边棱音为主，共振峰相对较弱，泛音相对贫乏。从长笛的声学特性可以看出，录制长笛应当更加注重拾取它的泛音，否则纯正的长笛音色就很容易被其他明亮的乐器隐蔽。长笛演奏的声音具有较长的建立过程，如果声音信号的电平较低，同样也容易被其他乐器隐蔽，拾音器很难拾取到较为理想的长笛演奏效果。

针对长笛本身的发声机理和演奏特色，为了保证拾取到更多演奏的泛音成分，录制长笛常选用频响范围较宽，且频响平直的心形电容传声器。通常情况下，长笛的中高频成分（3k~6k Hz）在水平方向上有较大的能量辐射，6kHz 以上的高频信号主要集中在垂直方向上辐射。录制古典音乐风格的长笛演奏时，传声器应当设置在距离长笛 1~2.5m 左右的位置上拾音。录制流行音乐风格的长笛演奏时，传声器可以设置在相对较近的位置上。由于长笛在 5k~6k Hz 的频率范围内会产生刺耳的金属声，所以传声器通常是设置在演奏员嘴部的斜上方，或者斜下方约 30cm 的位置。这样传声器不仅能够获得较为平衡的长笛音色，还能有效减少拾取到吹奏气流声。传声器设置在长笛的中央位置拾音，拾取的长笛音色将会较为单薄，因为在此位置上长笛的低频信号会有部分抵消。要想获得较为丰满的长笛音色，传声器应当设置在最远的吹孔处，或者吹口左边管口的上方。如果演奏员吹奏的气流声非常严重，录音时还可将传声器设置在演奏员头部的后方，此时拾取的长笛音色比较明亮，还能减弱伴随吹奏出现的噪声。如果此时吹奏噪声控制得还不理想，可将传声器的轴向偏离演奏员的嘴部，以便进一步控制拾取到的噪声，如图4-38所示。

簧片激振的木管乐器包括单簧管、双簧管和萨克斯等。单簧管的最低频率由它的最低基音来决定，如降B调单簧管的基音是147Hz，A调单簧管的基音是139Hz。单簧管的最高频率主要取决于演奏员的吹奏力度，强奏的单簧管最高频率能够达到12kHz。单簧管的共振峰类似于长笛的情况，相对较弱，而且它的偶次谐波振幅很小。双簧管的基频范围为233~1760Hz，有相对较强的共振峰。萨克斯管是有五种不同音调的乐器，泛音多少取决于演奏员的演奏技巧，通常能达到8kHz。此外，呼吸噪声等成分，能将萨克斯的频谱扩展到12k~13kHz。像单簧管这类乐器，它的管口和音孔位置都会辐射不同频率的声音，拾音时传声器多是设置在演奏员的头部和乐器的管口之间，距离乐器0.5~1m，传声器的轴向与乐器成一定角度（约20°~30°）。图4-39和图4-40分别为单簧管和萨克斯管的传声器设置，这种方式拾取的乐器声音相对柔和，而且没有太多的吹奏噪声。

图4-38 将传声器置于演奏员头部的后方并偏离吹口来减小吹奏噪声

图4-39 单簧管拾音的传声器设置　　　　图4-40 萨克斯管拾音的传声器设置

木管乐器基本上是采用心形电容传声器来拾音。对于声音比较柔和的乐器，如单簧管、双簧管和大管等乐器，可以选择 Neumann U87 和 KM89 等高频响应较好的传声器，拾取的乐器声能够获得更加明亮的音色。采用 AKG414 来拾音，拾取的乐器音色将更加柔和。萨克斯管具有较为丰富的泛音，同时吹奏的噪声也较为明显，可选择动圈传声器或铝带式传声器拾音，如 Electro-Voice RE20、RE16、Shure SM57 等。对于频率较低的低音乐器，如果传声器的低频响应不够，可将传声器移近乐器，以相对较近的拾音距离拾取乐器的演奏。如果感觉拾取的乐器声音太近，可将传声器设置在乐器的一侧来拾音。

上述分析的是木管乐器的近距离拾音情况。通常，在后期制作阶段，录音师还将对近距离拾取的信号进行各种加工处理。多数情况下，这些处理并不是为了让木管乐器的声音更加完美，而是因为在多轨录音的工艺下，近距离的拾音方式没有考虑乐器在音乐作品中的作用和应有的现场演出效果。事实上，除了作为独奏乐器，或者为了加强低音声部，木管乐器组应当采用远距离拾音方式。主要原因在于，首先，音乐创作者编写乐器组的目的是为了获得类似乐器组合的整体感，而不是希望它们有富于个性的旋律线，要想获得整体感更强的乐器组效果，只能采取远距离拾音方式。其次，在不同的音域范围内，各种不同的木管乐器存在一定的不平衡性。作为乐队中的各个声部，它们之间可以相互弥补、相互完善。如果是通过拾音和信号处理的方法来弥补乐器自身的不足，容易造成个性突出，整体感差的问题。再次，远距离拾音可以有效避免拾取过多的吹奏噪声，使整个乐器组的声音更加融合，整体感更强。最后，也是最重要的，是远距离拾音更有利于各声部乐器间的配合与交流，从而获得更加自然、层次感更强的乐器组声音，而在近距离拾音的基础上，对拾取到的声音信号进行处理，只能是在一定程度上对这种整体感的模仿。所以，采用远距离拾音方式录制木管乐器时，除非编曲对乐器的声像位置有特殊要求，安排演奏员录音的位置应充分考虑到演奏员之间的交流，如让演奏员的位置呈半圆或圆弧形。传声器应当设置在圆弧的焦点附近，距离演奏员 2.5~3m 左右，高度不应低于 2m 左右，传声器到天花板的距离不能小于 0.5m 左右。为了避免拾取到不期望的机械振动，还应对传声器支架做适当的隔振处理。

选择立体声拾音方式时，录音师应更多考虑录制的空间效果，以及是否适合于作品的需要。例如，重合式的立体声拾音方式具有更加自然和清晰的声像定位，具有良好的单声道兼容性。如果作品需要用木管乐器烘托主唱或独奏乐器，增强它们的情感表达，就适合采用重合式的立体声拾音方式拾音。选择 XY 的拾音方式时，录音师可根据演播室的声学条件，适当对两只传声器的设置进行调整。相反，如果乐曲要体现一种孤独和凄凉的意境，表达一种内心独白，或者乐曲在配器上密度较大，容易隐蔽主唱声或独奏声，则需要重放的乐器组声音有更大的空间感和声像宽度，此时采用大 AB 的拾音方式是比较理想的。全指向传声器能够获得更好的空间效果，但是也会拾取到很多额外噪声和房间的声学缺陷。如果是采用心形传声器，拾取的声音可以获得较好的隔离度，录制者还能利用心形传声器拾取的声音有更明显的中间空洞现象设置主唱或独奏乐器。

　　录制木管乐器的演奏时，传声器的选择并没有固定的要求。主要是因为每件木管乐器都有比较独特的声音效果，而且每个演播室的声学条件也不一样，即使是在相同的演播室录制，不同乐队的情况也有差异。如果是采用重合式的立体声拾音方式，AKG 414 或者是电子管传声器，能使木管乐器的声音更加亲切和柔和，Neumann KM89s 则能让声音更加明亮。此外，Sanken、Sony、Telefunken 电容传声器录制的木管声音效果也不错，但是多数演播室很少配置这些传声器。如果是采用大 AB 拾音方式录制木管演奏，AKG 414（选择全指向）的拾音效果要比 Electro-Voice RE55s 更加丰满，Beyer M300 和 Sennheiser 心形传声器录制出来的效果，则给人以略显刺耳的感觉。木管乐器中央 C 一个八度以上的泛音结构非常相似，所以选择合适的传声器录制木管乐器十分重要，如果传声器选择不合适，将很难把这些相似的泛音区别出来。

第七节　铜管乐器的拾音技术

一、铜管乐器的声学特性

　　铜管乐器一般是由铜合金制成的，它的发音原理与木管乐器有明显区别。铜管乐器是用演奏者的嘴唇代替了簧片，唇部与号嘴共同构成了铜管的发音部分，所以铜管演奏者的技巧和精神状态非常重要，将直接影响到演奏的质量。铜管乐器有两种不同形式的号嘴：一种号嘴呈漏斗状，直径较小，纵深较浅，发出的声音尖锐、明亮，能够激发出更多的泛音，如小号和长号的号嘴就是这种形式。另一种号嘴呈半圆形，直径相对较大，纵深相对较深，能够发出柔和的音色，像圆号就是这种号嘴。

　　相对于木管乐器，铜管乐器的辐射特性要更简单些。铜管乐器都是密闭系统，所有的声能都是从管口辐射出来，很大程度上声音的辐射在管口周围是对称的。随着演奏的高频成分增加，铜管乐器管口的辐射范围将逐渐变窄，到高音区将形成一个声束。例如，小号在 500Hz 以下的声能辐射是全方向的，在 500Hz 以上开始呈现出指向性，在 800Hz 时，小号的辐射范围有一定扩展，到达 1.5kHz 以上后，它的辐射就变得十分尖锐，在 5kHz 以上，小号衰减 3dB 以内的辐射角仅为 30°。长号在 400Hz 以下是全方向辐射的，在 600Hz 时有一定的扩展，2kHz 以上辐射角将变窄到 45° 左右，强奏时，长号所产生的 7kHz 以上的频率成分只有 20° 的辐射范围。总体来讲，长号与小号的辐射特性是非常类似的。大号发出的声能同样是集中在管口，它在 75Hz 以下的声能是全方向辐射的，对于全频带 29~2 000Hz 的范围来讲，大号的辐射角大约为 15°。圆号在 100Hz 以下的声能是全方向辐射的，从 100Hz 开始呈现出指向性，到达 4kHz 以上后，圆号的辐射角将变窄到 15°，不过，由于其结构的原因，圆号的辐射特性较其他管乐器还是要复杂一些。

对于柔和的铜管演奏，声音的始振时间在 40~120ms 之间，小号可以达到 180ms。强奏的铜管演奏，声音的始振时间在 20~40ms 之间，圆号能达到 80ms。铜管乐器的动态范围取决于演奏的音高，随着音高的增加乐器的动态范围将逐渐减小。例如，小号在低音区演奏的动态范围能够达到 30dB，演奏最高音时的动态范围就只能达到 10dB 左右，比较而言，长号具有较大的动态范围。铜管乐器在低音区可以弱奏，到了高音区就只能强奏。

小号的基频在 165~1 175Hz 的频率范围内能够演奏出的泛音非常丰富，可以一直延伸到 15kHz，典型的共振频率在 1.5k~2k Hz（恰好位于最低基频的谐波范围内）之间和 3kHz 附近。为了获得不同的音色变化，小号演奏经常使用各种弱音器。常用的弱音器主要分为两种，一种是硬音弱音器，另一种是软音弱音器。安装了硬音弱音器的小号，能够演奏出沙哑而带有金属色彩的声音。软音弱音器的主要作用是软化小号的音色，使小号能够发出接近于木管乐器的声音，如常用的杯状弱音器，可以衰减小号 2.5kHz 以上的频率。另一种锥状弱音器，可以使小号 4kHz 以上的频率顺利通过，衰减 1.5kHz 以下的频率成分。

长号的种类很多，最常用的是次中音长号，它的基频在 82~520Hz 左右的频率范围内。长号有几个特殊的泛音，如果按中等强度吹奏，它的泛音频率不会超过 5kHz，如果是强奏，长号的泛音可以延伸到 10kHz，它典型的共振峰在 480~600Hz 和 1 200Hz 左右。大号和小低音号是交响乐队中音域最低的铜管乐器。在常用的音域内，大号的最低音比小低音号低五度，其最低频率为 29Hz。大号能演奏出的泛音很少，泛音的上限频率在 1.5k~2k Hz 左右。圆号又称法国号，基频范围为 62~700Hz，在强奏的情况下，它的泛音频率上限可达 5kHz。圆号那种丰满而圆润的音色取决于它的共振峰，其主要的共振峰在 340Hz 附近，另外两个次要的共振峰在 750~2 000Hz 和 3.5kHz 附近。圆号在使用弱音器的情况下，3kHz 附近的频率会被突出出来。在拾音的过程中，要想获得清晰的圆号声音是较为困难的。

二、铜管乐器的拾音技术

录制铜管乐器的时候，通常会有两种乐器音色或风格上的选择。一种是较为圆润和丰满的音响效果；另一种是较为嘹亮和尖锐的音响效果。事实上，这两种各具特色的音响效果是基于铜管乐器自身的声学特色，从两个欣赏视角得出的。演奏员在演奏铜管乐器的时候，听到的乐器基频和低次谐波成分大多是直达声，3kHz 以上的频率成分基本都是各种反射声。主要原因在于，铜管乐器的辐射特性相对简单，高频信号具有较强的指向性。因此，多数铜管乐器演奏者都比较喜欢较为丰满的铜管音色。从听众的角度来看，他们基本是正对铜管乐器听音，听到的铜管乐器声有较强的明亮感。例如，小号在演奏的时候，它的管口是直接对着听众。在最低的两个八度，小号可以吹奏出比较平稳的声音。它的频响曲线中有几个不明显的共振峰，1.5k~2k Hz 和 3kHz 附近的共振峰比较明显，其他较小的共振峰可以延伸到 6kHz。此外，无论在哪个音域上演奏，演奏时的"唇音"都会使小号在 10k~12k Hz 附近形成一个较窄的共振峰。基于同样的原因，几乎所有铜管乐器都会产生这种特色音响，不同乐器产生的位置不同，大致范围在 6k~12k Hz。总体而言，虽然厅堂反射能够使铜管乐器的基频和低次谐波的能量有所提高，但听众听到的铜管乐器还是要比演奏者听到的单薄和尖锐（圆号的情况有些特殊，其管口朝向演奏者的右下侧，声音辐射背向听众）。

在演播室内录制铜管乐器，要想获得较为丰满和圆润的音响效果，传声器可设置在管口上方 20°~30° 的位置，传声器的轴向指向乐器，如图 4-41 所示。根据需要，传声器到乐器管口的距离可选择在 0.5~1m 左右。无论是采用何种类型的传声器，采用这种方法录制铜管乐器都能避免拾取到过多的高频成分，从而获得趋于圆润的铜管音色。如果传声器向左或者向右偏离乐器设置，尽量远离活塞阀按键，能有效避免拾取到不希望有的机械噪声。圆号是铜管乐器中听起来最柔和的乐器，它的辐射特性不同于其他铜管乐器，所以在录制圆号演奏时有两种拾音方式可供选择。一种拾音方式，是普通铜管乐器的拾音方式，如图 4-42（a）所示。另一种拾音方式，是在圆号的辐射方向上设置反射板，用传声器拾取被反射以后的圆号演奏，如图 4-42（b）所示。这种方式拾取的圆号演奏具有更自然，更接近现场演出的效果。以同期录音方式录制乐队演出的时候，如果需要给个别的铜管乐器增加辅助传声器，辅助传声器拾取的声音信号应避免过于明亮和尖锐，否则辅助传声器的声音信号很难融合到主传声器录制的整体乐队乐声中。

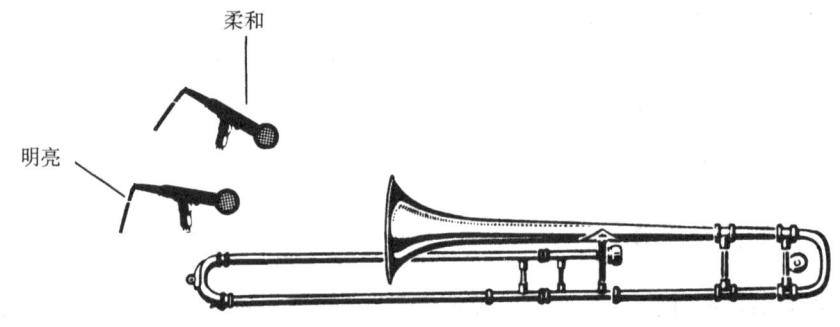

图 4-41 铜管乐器拾音的传声器设置

拾取铜管乐器的声音时，如果期望获得更多的直达声，最好的方法是将传声器设置在距离管口几十厘米的位置拾音，同时传声器偏离管口的中心。这样不仅可以避免拾取太多 5k~6k Hz 频率范围内的气流声，也能防止传声器过载（小号强奏的声压级可达 130dB SPL）。用这种方法录制小号的演奏，能够获得较为尖锐的小号声，类似于摇滚布鲁斯里用于加强节奏的小号效果，如果小号在乐曲中有一定的旋律性，或者小号承担了主旋律的角色，这种小号的音色就难以令人满意。在录制摇滚和流行爵士等音乐节目时，也有录音师把传声器设置在铜管乐器的管口处，甚至是把传声器设置在管口内部拾音。这种方式拾取的铜管乐器声给人以发"干"的感觉，重放的声像非常近，经常会伴有"嗡嗡"的声音。现场演出的情况下，有些演奏者习惯于对着传声器演奏，此时，可以在乐器的管口前设置假传声器，保证演奏者的演出状态和演奏质量，同时在较远的位置设置传声器拾音。假传声器的存在，能避免演奏者在演出过程中改变乐器到传声器的位置，从而保证拾取的声音有统一的音色。

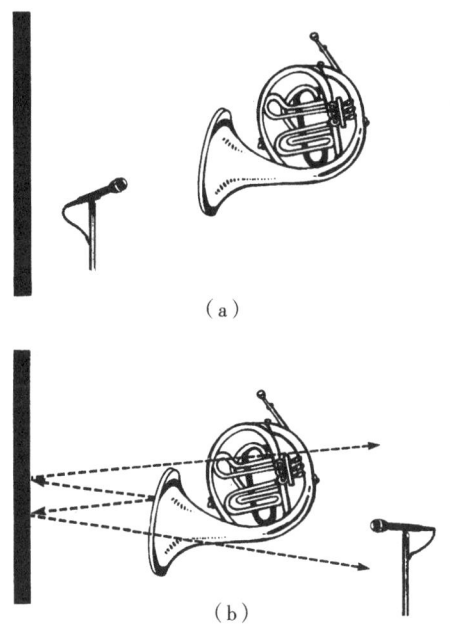

图 4-42 圆号的两种拾音方法

选择录制铜管乐器声音的传声器时，应当明确几个基本的原则：首先，传声器设置在距离乐器较近的位置上拾音时，应当尽量选择动圈传声器；其次，拾取低音乐器如大号和圆号等的声音，选择较为明亮的动圈传声器或铝带式传声器（如 Sennheiser、AKG、Shure 等）能够获得比较好的效果；最后，拾取像小号这样的乐器的声音，频率响应较为平直的动圈传声器（如 Electro-Voice 等）应为首选。这些传声器在 8kHz 以上有较好的频率响应，能够保证乐器声音的光彩性，还能有效抑制 5kHz 附近频率，这个频段给人以刺耳的感觉，还容易隐蔽鼓乐器的演奏，容易使铜管乐器的声音从整个乐队中突出出来。为了避免心形传声器的近讲效应，拾音时应注意在传声器上做适当的低频衰减。乐器声压级过高时，也可以将传声器内部的固定衰减开关打开。

同样，录制铜管乐器组的时候，传声器和拾音方式的选择应符合音乐作品的风格和要求。类似于前述的木管乐器组，如果铜管乐器组的角色是烘托和支持主唱，采用重合式的立体声拾音方式能够获得比较理想的效果。这种方式不但可以提供清晰的声像定位，还因通路间不存在相位差，能够获得更加坚实的低频响应。类似于上述分析，采用传声器间距较大的 AB 拾音方式，可以在突出主唱的情况下，获得良好的空间效果。

根据编曲的意图和乐器在音乐作品中的作用，录制铜管乐器时录音师还应在前期考虑各声部乐器在立体声重放后的布局。如果要求铜管乐器组在乐曲中有较大的形象，为乐曲的抒情铺垫，各声部间就要有较小的间隔，使各声部声音能更好地融合在一起，具有良好的整体感。此时，乐器组的声音不但要在 8kHz 附近有一定的明亮感，还需要有良好的低频响应，具有格外温暖的感觉。为了达到这种效果，可选择 B&K 4006、Electro-Voice RE55 等传声器，并采取 AB 式立体声拾音方式，也可以采用 Electro-Voice RE20 组成 XY 方式进行拾音，两种方式都能使录制的声音更具亲切感。如果音乐作品需要比较开放和热烈的铜管声音效果，则可以选择大膜片的电容传声器，如 Neumann U47 或 AKG MC740，AKG 414 或 C451，它们拾取的声音将有更好的自然感。如果乐曲需要较为强烈的铜管演奏声，就可以采用更为明亮的 Neumann U87s 或 U89s 拾音。

采用立体声拾音方式时，如果需要加强低音乐器，可以选用 Neumann KM84 作为辅助传声器。此外，在大型的铜管乐队中，通常圆号的声音难以录制出比较清晰的效果，可以选用 KM 84 或 Sennheiser MD421U 等动圈传声器来解决这个问题。它们的音色相对明亮，在演奏者背后，距离圆号 0.5m 左右的位置设置辅助传声器，能有效提高圆号的清晰度。

第八节 拉弦乐器的拾音技术

一、拉弦乐器的基本声学特性

本节所指的拉弦乐器，指的是交响乐队中弦乐声部包含的各种乐器，包括小提琴、中提琴和大提琴。弦乐器有很宽的音域，能够演奏出非常丰富的泛音，音色富于歌唱性，具有极强的表现力，也是交响乐队中重要的旋律声部。本节讨论的弦乐器类似于前述的低音提琴，乐器的低音下限通过琴弦的定音限定，高频上限取决于演奏者的演奏能力和演奏技法。小提琴的基频在 185~1 300Hz 之间，演奏出的高次谐波可达 20kHz。从小提琴的频谱分布来看，在 10kHz 以下的频段内，小提琴的能量随着频率的增加呈线性下降的趋势。在 10kHz 以上的频段内，琴声的能量分布较小，但是分布均匀，衰减缓慢。小提琴的能量主要集中在 250~3 000Hz 的频率范围内。中提琴的定音要比小提琴低纯五度，它的基频在 131~1 046Hz 之间，演奏出的高次谐波能够达到 12kHz。大提琴属于低音乐器，它的基频在 65.4~523.5Hz 之间，高次谐波能够达到 14kHz，主要能量集中在 180~3 000Hz 的频率范围内。弦乐演奏很容易产生弓弦摩擦的机械噪声，弦乐演奏具有较宽的频带，弱奏的乐段会让人感觉噪声比较大，强奏时人们会感到噪声相对小些。

弦乐器的音色和强度同演奏的弓子速度、弓子压力和弓子在弦上的着力点有关。弓子的速度会影响到琴声的强度，弓子压力和着力点决定了弦乐器的音色。小提琴的音色明亮，色彩丰富，有较强的穿透力。在乐队中，小提琴经常承担着主旋律的角色，它的音色很容易同其他乐器融合，也经常作为节奏乐器使用。中提琴的琴体比小提琴大，具有相对浑厚的音色，适合于演奏抒情性的旋律。大提琴与低音提琴类似，它的音色低沉而厚实，具有温暖感。因其富有人声之美的音响效果，所以经常用于演奏各种宽广和抒情的旋律，有时也用于演奏各种技巧性较高的华彩乐段。

总体上，弦乐器具有比较长的始振时间，而且始振时间随演奏方法的改变而不同，以弱奏的方式进入时，始振时间一般为 100~300ms，以强奏的方式进入时，始振时间大约为 30~60ms。拨奏方式具有很短的始振时间，一般为 20ms 以下。弦乐器的声音辐射特性随着频率的变化而改变，演奏的频率越高，辐射的范围越窄，呈现出来的指向性就越强。小提琴在 500Hz 以下的频率范围内，声能在各个方向上的辐射是均匀的。当演奏的频率升高时，小提琴的辐射方向将主要集中在垂直于面板的方向。在垂直方向为 15° 的夹角范围内拾音时，传声器能够拾取到全频带的声音。中提琴的大小和演奏方式与小提琴基本相同，辐射特性也类似于小提琴。大提琴的全频带辐射方向是 10°~15°，但是在这个区域内，大提琴在 300~800Hz 的辐射能量有些跌落，不过，在此频段内大提琴没有重要的共振峰，对拾取到的大提琴音色没有什么影响。大提琴是支撑在地面上演奏的，所以它的辐射特性也要相对复杂些。

二、拉弦乐器的拾音技术

弦乐器是创作者最常用的乐器，也是听众较为熟悉的乐器之一。除了独奏或者协奏的艺术形式，录制弦乐器时，录制人员很少单独为各件乐器设置传声器，通常是以同期录音的方式拾取整个弦乐声部的演奏。一方面是创作者会把弦乐器作为整体考虑到乐曲的结构中，需要各乐器之间有较好的配合；另一方面是弦乐要想获得群体感效果，只能在相同的空间内同时进行演奏，通过房间的各种反射来充分融合各声部的演奏。录制弦乐同样要考虑到乐器在作品中的地位，录制的音响效果要符合作品的需要，并在此基础上制定出相应的拾音方案。录制弦乐演奏中经常出现的问题，是人们对弦乐这类乐器比较熟悉，很多录音师对弦乐应有的最佳效果有固定的概念，经常忽视了它在具体作品中应有的音乐形象，结果可能会适得其反。

心形传声器的 XY 立体声拾音方式，是录制弦乐演奏经常采用的一种方法。在中低频段上，这种方式录制的两个通路中的信号基本不存在相位差，录制的弦乐具有较好的温暖感，也能获得比较好的立体声空间感，不存在立体声的中间空洞现象，适合于各弦乐声部编曲较为密集的情况。在中频段上，弦乐和歌声的频谱相互重叠，经常会出现弦乐的中频部分隐蔽歌声的情况，如果后期制作中出现这种所谓的"压唱"，需适当提高歌声电平，让歌声从整个乐队中突出出来，此时弦乐还能为歌声提供一个更稳定的支持。

选择全指向或心形传声器，以 AB 式的立体声拾音方式录制弦乐，能使弦乐获得更好的空间感，但也可能会出现声像更多集中于两侧的问题。两个通路之间存在的相位差，会使弦乐在低频的稳定性不如 XY 方式。但是，利用这种拾音方式产生的中间空洞现象，录音师能在不额外提升主唱或主奏电平的情况下，将主唱或主奏安排在声场中间的位置。这种拾音方式减小了对主唱的影响，适合于弦乐间或穿插于音乐展开的过程中的演奏，特别是适合弦乐用于同主唱或主奏相互呼应的情况。

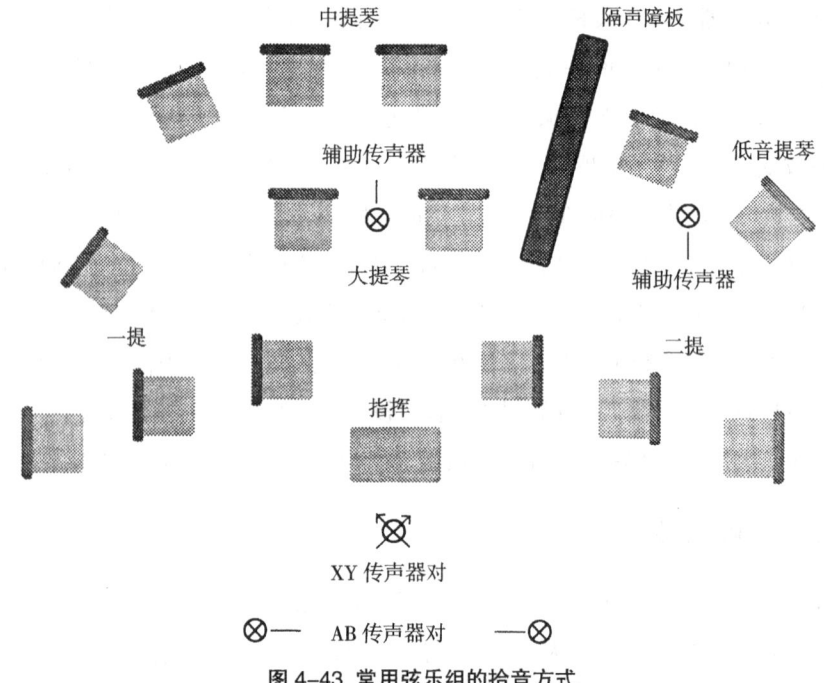

图 4-43 常用弦乐组的拾音方式

如果弦乐在乐曲中的作用是揭示演唱者的内在情感,弦乐的形象和质感就应相对明显。录制弦乐时可在较近的位置上为每组乐器进行拾音,然后利用调音台上的声像电位器完成空间定位。不同乐器特定的声像安排,还能暗示整个乐曲创作的思想意图。例如,若是将低音提琴和大提琴的声像完全定位在立体声的左侧或右侧,重放的声音形象将给人一种不平衡,或不安全的感觉。如果把整个弦乐声像充分展开,完全定位在两只扬声器之间,此时会造成一种演唱者被陷入困境的感觉。

在有些乐曲的创作中,弦乐器有可能在音乐进行的不同段落扮演不同的角色。为了满足乐曲的不同需求,录制弦乐的方案也应有所调整。在具体实践中就可以设置两套不同的方案,以便在不同的乐段选择合适的方案。在声轨充分的情况下,也可以把不同的拾音方案分别录制在不同的声轨上,然后在后期制作过程中予以选择。

录制弦乐可以采取主传声器和辅助传声器相结合的方式。通常主传声器要选择具有较高灵敏度的电容传声器,辅助传声器可以选择动圈传声器或者电容传声器,录音师把它们分别设置在距离乐器较近的位置,对不同声部的乐器单独拾音。如果弦乐器演奏是用于整个乐曲的铺垫,可选择 Neumann U87 或 U89 作为主传声器,它们拾取的弦乐演奏会有相对明亮的感觉,总体效果基本能令人满意。如果期望得到温暖而又富于细节变化的弦乐演奏,则可以采用 AKG 414、Neumann U47 或其他带有电子管预放的传声器。采用 AB 式的立体声拾音方式时,B&K4006 的效果是非常理想的,也是很多录音师录制弦乐的首选传声器。另外,也可以采用 Electro-Voice RE55,但通常需对它的高频做适当提升。需要注意的是,设置弦乐录音的传声器时，应该确保拾取的低音提琴和大提琴的演奏在整个乐队中的清晰度，这点往往比拾音器拾取到更多小提琴和中提琴的泛音更重要，否则容易造成整个音乐形象的模糊不清，影响到各声部乐器声音的层次感和空间感等各方面。

采用传声器单独拾取小提琴或中提琴的演奏，录制的琴声经常会有明显的颗粒感，如果这种现象比较严重，可以选用动圈传声器或铝带式传声器，如 Electro-Voice RE20、Beyer D160。单独拾音的点传声器到达乐器的距离不应小于 0.5m 左右，否则可能会拾取到更多乐器的局部共振，容易出现空间不一致的现象。传声器最好不要正对琴体的中央，以免拾取到较强的琴板和琴箱共振。通常，传声器的轴向应与乐器成一定角度。设置传声器与乐器之间的距离时录音师还应考虑到演奏员演奏引起的距离变化，如果距离太近，演奏员演奏的肢体动作很容易造成乐器音量和音色等的变化。

参考书目

1. EVEREST F A, STREICHER R. the new stereo soundbook[M]. Blue Ridge Summit, PA: Tab Books, 1992.

2. BORWICK J. Microphones: technology and technique[M]. London, Boston: Focal Press, 1990.

3. BARTLETT B. Stereo microphone techniques[M]. Boston, MA: Focal Press, 1991.

4. WADHAMS W. Sound advice: the musician's guide to the recording studio[M]. New York: Schirmer Books, 1990.

5. ALTEN S R. Audio in media[M]. Boston, MA: Wadsworth Cengage Learning, 2014.

6. ALTEN S R. Audio in media: the recording studio[M]. Boston, MA: Wadsworth Publishing Company, 1996.

7. BARTLETT B, BARTLETT J. On-location recording techniques[M]. Boston: Focal Press, 1999.

8. HUGONNET C, WALDER P. Stereophonic sound recording: theory and practice[M]. Hoboken, NJ: John Wiley & Sons, 1998.

9. EARGLE J M. Music, Sound, and Technology[M]. New York: Van Nostrand Reinhold, 1990.

10. PETER M. The musician's guide to home recording[M]. New York: Simon & Schuster, 1988.

11. HUBER D M, RUNSTEIN R E. Modern recording techniques[M]. Burlington, MA: Focal Press, 2013.

12. 朱伟，杨耀清. 数字声频与播控技术[M]. 北京：中国广播电视出版社，1997.

13. 张绍高. 广播中心与广播声学[M]. 北京：中国广播电视出版社，1997.

14. 张绍高. 广播中心技术系统[M]. 北京：国防工业出版社，1994.

15. 梁广程. 乐器法手册[M]. 北京：人民音乐出版社，1996.

16. 李俊梅. 音乐基础理论[M]. 北京：中国传媒大学出版社，2010.